走進森林
和奶奶一起做
法國甜點
Bonne dégustation

陳芋亮 LIANG CHEN ———— 作者・攝影

preface

不管是在後院和隔壁奶奶交換當季的農作收成，還是一起在廚房裡切切弄弄談論著即將出爐的家常吃食，都是細微卻珍貴的鄉村日常。時光回到十幾年前，初搬到北法的農村，雖然法文是會說一些，但是一個亞洲臉孔的女人要融入農村的生活，其實不容易。鄉村老人家防備心強，一輩子可能都沒見過亞洲臉孔，而我是如何突破他們的心房，和他們打成一遍，甚至後來建立起比家人還親近的情誼，每天一起聊天做菜做甜點，傳承這些老人家的珍貴食譜。我會說是「農作物」將我和老人家的心漸漸地拉近，後院隔著一道牆，我總是隔著牆抱著恭敬的心情向隔壁的奶奶請教最近的收成，漸漸地，奶奶也卸下心防，大方地跟我分享長年以來的農作智慧，甚至邀請我一起做菜做甜點，聽著他口述的食譜，我們一邊動手，最後享受美味的佳餚。這珍貴的互動，絕對是我法國生活最大的收穫。我就在老人家的歲月智慧薰陶之下，無形之中，學會了好多好多道地的鄉村甜點，有些甚至已經瀕臨失傳的危機，我都如獲至寶地收藏起來，想著有朝一日也能繼續傳承下去。而鄉村老人家對生活的熱情，不管幾歲，開著露營車，運用當地的食材隨處創造美食，享受當下的美好，用心地體會每一個感動的生活片刻，也是我從他們身上收穫最大的學習。這本書裡的甜點，都是我和奶奶們用真實的日常紀錄而成的滋味，歡迎一起走進森林，走進北法的廚房，跟著奶奶們的料理傳承，體驗鄉野裡的人情風景。

contents

Chapter.1
農忙之餘的甜點

對於生活在鄉村農家的法國人來說，吃甜點是一天當中的幸福時刻，尤其在菜園勞動後的休息片刻，美味可口的甜點是接下來工作動力的強大來源。

Clafouti D'abricots
杏桃克拉芙提

•••••••••••••••••• ingredients

6～8顆·視大小顆而定	杏桃
適量	整顆杏仁
125g	細糖
20g	香草糖
2t.	香草精
3顆	新鮮雞蛋
110g	低筋麵粉
7.5g	泡打粉
75g	無鹽奶油
4T	白蘭地櫻桃酒·非必須
2T	蘭姆酒
25g	蔗糖

•••••••••••••••••• method

1. 將杏桃洗淨去籽，並將杏仁殼敲碎取出籽（也就是杏仁）後備用。再將杏仁敲碎備用。

2. 將細糖、香草糖和雞蛋攪拌混合均勻，再加入過篩過的麵粉和泡打粉。

3. 將奶油用微波爐融化，再加入 2，接著加入白蘭地櫻桃酒、蘭姆酒和香草精，再度攪拌混合均勻。

4. 烤模塗上奶油。將麵糊倒入烤模裡，再放入杏桃，撒上敲碎的杏仁果碎，最後撒上蔗糖，放入烤箱以180°C烘烤約25分鐘即完成。

Liang's tips ••••••••••••••••••

烘烤時間要依照個人使用的烤箱調整時間，如果25分鐘不夠，可以延長時間繼續烘烤。克拉芙提幾乎所有的水果都可以製作，除了很酸的水果比較不適合。

Chouquettes
小泡芙

剛到法國之初,除了早餐能吃到窯烤出來的可頌或是棍子外,就是這樣上面有著白色結晶糖的小泡芙會讓我有無比的幸福感。在鄉村的麵包店裡,一次得買10顆才划算,甚至暑假開著房車外出露營時,早餐時間也會想盡辦法找到麵包店買到它。有一年,在勃根地的一座無商店、無麵包店也無郵局的山上,可謂是真正純淨的小村莊,居住在一位老朋友的酒莊裡,朋友和他的妻子一清早就開始攪和麵粉,使用自家的雞生的雞蛋,用燒著柴火的壁爐烤出許多小泡芙讓我們當早餐,那是我第一次覺得拿泡芙當早餐是最美好的事,心情就如同小女孩得到珍貴寶物那般的快樂。

ingredients	
100ml	牛奶
100ml	水
105g	無鹽奶油
1pinch	海鹽
1pinch	細糖
165g	低筋麵粉
4顆	新鮮雞蛋
少量	顆粒糖

method

1. 烤箱以 180°C 預熱。將牛奶、水、奶油、海鹽和糖放入鍋子裡加熱,待滾後離火,加入麵粉攪拌均勻,再繼續以中小火煮約2分鐘將麵糊稍微煮乾一些,麵糊不會沾黏在鍋面上為判斷標準。

2. 將煮好的麵糊靜置放涼後,再倒入食物調理鍋裡,以中速攪打1～2分鐘。雞蛋事先攪拌混合後慢慢地加入,此時的攪拌機要保持攪打狀態。用湯匙在麵糊上劃開,若是麵糊慢慢回流則表示正確的麵糊狀態。

3. 將麵糊填入擠花袋裡,如果能放進冰箱冷藏1小時或是前一天製作好麵糊冷藏一個晚上更好。在烤盤鋪上烘焙紙,擠上麵糊,撒上少量的顆粒糖後,烘烤25～30分鐘。若是不撒顆粒糖,烤好後撒上糖霜也可以。

Liang's tips

做好的小泡芙單吃,或是可以將甜點奶霜(crème pâtissière)或是奶油霜(crème mousseline),又或是巧克力醬,從泡芙底部擠入,就又變成另一個美味的法國家常小甜點。或是泡芙搭配冰淇淋淋上巧克力醬,就是另一道香草冰淇淋泡芙淋巧克力醬(P.082),也是法國很經典大家都愛的家常甜點。

Tarte
au citron
經典檸檬塔

•••••••••••••••••••••• ingredients

/ 甜派皮 /

76g	糖霜
120g	無鹽奶油
24g	杏仁粉
1t.	鹽之花
1顆	雞蛋
200g	T55 麵粉

/ 綠檸檬奶霜 /

2片	吉利丁片
50g	檸檬泥
50g	細糖
3顆	雞蛋
6顆	蛋黃
220g	無鹽奶油
2顆	綠檸檬皮

/ 綠檸檬內填餡 /

100g	綠檸檬泥
3g	吉利丁粉
10g	細糖
1顆	綠檸檬皮

/ 裝飾用 /

適量	綠檸檬粉
適量	綠檸檬果肉

•••••••••••••••••••••• method

/ 製作甜派皮 /

1. 在調理鋼盆裡放入糖霜和奶油，混拌成霜狀（奶油需要事先放在室溫軟化），加入杏仁粉、鹽之花，最後放入雞蛋，混拌至雞蛋與所有食材都融合均勻後，加入麵粉攪拌。

2. 將麵團揉成圓球狀，蓋上保鮮膜放入冰箱冷藏 1 小時。烤箱以 170°C 預熱。

3. 將麵團桿成2.5mm厚的派皮，放進直徑16cm的鋼圈裡，鋪上一張烘焙紙，放上豆子或是米，放入烤箱烘烤15分鐘。

/ 製作綠檸檬奶霜 /

4. 將吉利丁放進一碗冷水裡備用。在鍋子裡放入檸檬泥、細糖、全蛋和蛋黃攪拌均勻，再將鍋子放進一個裝水的鍋子裡，以隔水加熱方式加熱。

5. 放入吉利丁和綠檸檬碎皮，當鍋內溫度達到45°C，加入奶油攪拌混合成奶霜狀，蓋上保鮮膜，放入冰箱備用，直到使用前再取出。

/ 製作綠檸檬內填餡 /

6. 將綠檸檬泥加熱至約40°C，用撒入的方式將吉利丁粉慢慢加入，接著加入細糖，煮到溫度達到85°C，熄火放至完全冷卻，直到使用前加入綠檸檬皮攪拌混合均勻。

/ 組合 /

7. 在派皮底填上綠檸檬內填餡，再擠上檸檬奶霜，以一顆蛋白霜接著一顆綠檸檬奶霜的方式放置在塔皮上，使用的擠花嘴尺寸約14mm。以相同方式將派皮填滿，最後撒上綠檸檬粉，放上檸檬果肉即完成。

Flan Parisien
巴黎蛋派

-- ingredients

/ 酥脆派皮 /

200g	低筋麵粉
20g	糖霜
2g	海鹽
適量(1/4根)香草籽粉(香草莢)	
100g	無鹽奶油
2 顆	蛋黃
30ml	水

/ 甜點奶霜 /

130ml	水
325ml	牛奶
200g	鮮奶油
1 根	香草莢
3 顆	蛋黃
3 顆	全蛋
160g	細糖
60g	玉米粉

-- method

/ 製作派皮 /

1. 在一個碗裡或是食物攪拌機的鋼盆裡，放入麵粉、糖霜、鹽、香草籽粉和奶油混合成碎沙狀後加入蛋黃，再慢慢地加入水，一邊攪拌混合麵團，將麵團整成圓形後放入冰箱冷藏 1 小時。

2. 取出麵團，在工作平台撒上少量麵粉，將麵團桿平成約3mm厚度，放進烤模裡貼緊烤模後，將多餘的派皮切割下來，放入冷凍庫。

/ 製作甜點奶霜 /

3. 在小湯鍋裡放入少量的水(避免底部黏鍋)、牛奶、鮮奶油和香草莢對剖後取出的香草籽。另一個碗裡放入蛋黃、全蛋和糖，用手動打蛋器攪拌混合均勻，最後加入玉米粉，再次將粉與蛋奶液攪拌混合均勻。

4. 當小湯鍋裡的奶液滾沸後離鍋，慢慢地倒入蛋奶液裡一邊倒一邊快速攪拌，直到奶液倒完，持續攪拌至奶餡形成濃稠狀態。若是奶餡無法變濃稠，此時再將奶餡倒回鍋子裡以小火加熱，持續攪拌至奶餡變黏稠即可離火。

5. 從冷凍庫取出派皮，將蛋奶餡倒入派皮裡。烤箱以220°C預熱，將生蛋派放入烤箱，溫度降至180°C持續烘烤30分鐘。出爐放涼後，即可切片享用。

Liang's tips --

在製作這個派皮時會發覺它很軟，但是完成後會發現這是特別美味的關鍵。入口的時候先是派皮和內餡相互融合在一起的口感，不是一般的硬脆派皮那種口感。如果怕掌控不好派皮，可以先放進冰箱冷藏讓派皮稍微產生硬度後，再快速地將派皮桿開與塔模緊緊貼合。

Crème brûlée authentique
燒焦糖布蕾

------------------------------ ingredients

1根	香草莢
200ml	全脂鮮奶油
250ml	牛奶
80g	細糖
4顆	蛋黃
適量	白蔗糖

------------------------------ method

1. 將香草莢對剖，刮出香草籽，放入裝有鮮奶油和牛奶的鍋子裡，煮滾後熄火，剪一張烘焙紙中間剪個小洞後蓋在香草牛奶醬上放置約 10 ～ 15 分鐘，接著以細網過篩。

2. 將糖和蛋黃放入碗裡，慢慢地倒入 *1* 的香草牛奶醬，快速混合攪拌，再過篩一次並撈起細的泡沫，倒入陶瓷烤模裡。

3. 烤箱以100°C預熱，放入烤箱烘烤1小時30分鐘，烤至布丁的中間狀態應該要是能輕輕抖動的狀態。放置室溫冷卻之後，再放進冰箱冷藏約2 ～ 3小時。

4. 在享用前撒上白蔗糖，以熱噴槍將白蔗糖燒成硬焦糖色即可。

Tarte
bourdaloue

長壺梨子塔

冬季時，西洋梨結實累累正好吃。長壺
梨子塔應該是庭院的蘋果蛋糕(P.031) 之
外，最受法國婆婆媽媽喜歡的水果塔其
一。這個梨子塔撒上烘烤過的杏仁片味
道更好，還可以在製作杏仁餡時加入少
量的褐色蘭姆酒，蘭姆酒的味道是除了
橙花水之外，也是法國奶奶們的手工家
常味道象徵。

·············· ingredients

6顆	糖漬西洋梨·作法 P.087
50g	杏桃果醬·作法 P.178
40g	杏仁片

/ 塔皮 /

200g	低筋麵粉
1pinch	海鹽
40g	糖霜
100g	無鹽奶油·冷藏狀態
1顆	蛋黃
5T	冷水

/ 杏仁餡 /

1顆	雞蛋
60g	無鹽奶油·室溫軟化
60g	糖霜
80g	杏仁粉

·············· method

/ 製作塔皮 /

1. 在大調理碗裡放入麵粉、海鹽、糖霜和切成小塊狀的奶油，將所有的食材用手混合至呈現細沙狀。中間挖出一個井口狀加入冷水和蛋黃，接著用手指先將水和蛋黃混合再慢慢將粉末攪拌一起，如果麵團過乾可以再加入少量的水。

2. 將麵團揉成圓球狀。工作台上撒上少量麵粉，放上麵團，再蓋上一塊乾淨的布靜置備用，或是將麵團放入冰箱冷藏約30分鐘。

/ 製作杏仁餡 /

3. 將雞蛋、奶油和糖霜混合攪拌成光滑狀態之後，加入杏仁粉再度攪拌均勻。

4. 將浸泡在糖水裡的梨子瀝乾。2.的塔皮桿平成大約3mm的厚度。在塔模塗上奶油，放上桿平的塔皮，用叉子在塔底叉出孔洞，再倒入3.的杏仁餡。

5. 烤箱調至180℃。填入杏仁餡，將西洋梨縱向對切成二，取支小刀將梨子切片鋪上去，放中間層烤箱烘烤35分鐘，取出放涼。

6. 在小鍋子裡放入杏桃果醬和3T的水，加熱成稍微稀一點的塗醬。用刷子將杏桃果醬塗在塔上，最後撒上杏仁片，切片即可溫熱地享用。

Grand-mème's Tips ·······························

冬天的時候，會多加幾片巧克力在內餡裡，讓喜歡巧克力的孫子們吃得更開心。夏天的話就加1大匙的巴旦杏仁糖漿。

Gâteau de riz

牛奶米蛋糕

這個甜點的特殊香氣在烤箱烘烤時顯得
超級香，是奶奶在冬天裡工作一整天後
會做的甜點，一個足以去除冷天帶來的
寒冷感，溫暖身體與胃的美味甜點。

⋯⋯⋯⋯⋯⋯⋯⋯ ingredients	
200g	圓米
65g	葡萄乾
2T	蘭姆酒
1pinch	海鹽
1L	全脂牛奶
120g	細糖
11g	香草糖
100g	紅糖
少許	檸檬汁
45g	無鹽奶油
3顆	雞蛋

⋯⋯⋯⋯⋯⋯⋯⋯⋯⋯⋯ method

1. 將圓米洗淨，接著將米倒進過篩網上讓水自動滴落。將葡萄乾浸泡在蘭姆酒裡至少1小時。在深鍋裡注水，加入少量海鹽煮滾，加入米煮約3分鐘後，將米取出，水份瀝乾。

2. 另一只深鍋裡加入牛奶煮滾，再放入 *1.* 的米，轉至微火攪拌一下，慢慢地煮約30～35分鐘。這個過程要攪拌兩三次，加入細糖、香草糖，此時的米應該大致上已經軟透了。離火，放置一旁備用。

3. 製作焦糖，將紅糖、少許水和檸檬汁放入一個小鍋裡，煮到糖融化轉變成焦糖，再將焦糖倒入烤模裡。

4. 烤箱以 180°C 預熱。將奶油加入 *2.* 的牛奶米裡，接著將雞蛋打散後加入攪拌均勻，最後加入葡萄乾，再度攪拌讓食材完全均勻地混合。倒入 *3.* 有焦糖的烤模裡，使用隔水加熱方式烘烤約 30 分鐘。

5. 將米蛋糕從烤箱取出放涼，享用前將蛋糕倒扣在盤子上即可。

Grand-mémé's Tips ⋯⋯⋯⋯⋯⋯⋯⋯⋯⋯⋯⋯⋯⋯⋯⋯⋯⋯⋯

如果想要製作牛奶燉飯，只需要跟隨這份食譜，然後使用100g的圓米、80g的糖、1L的牛奶和少量的海鹽，煮燉米時火爐上的火要盡量保持在小火慢煮，大約45分鐘，但不要太經常攪拌，因為這樣會讓米的澱粉質分散掉。

通常奶奶會多做些焦糖，等蛋糕烤好出爐，孫子要吃的時候再淋上一些焦糖在蛋糕上。當奶奶做米蛋糕時會另外煮英式奶醬（作法 P.041）來搭配米蛋糕，她會將英式奶醬隨意淋在焦糖醬上，英式奶醬會讓焦糖的顏色更加柔和漂亮些，而且增加焦糖醬的層次風味。

Mousse au chocolat à la cannelle
鄉村味肉桂巧克力慕斯

法國的巧克力慕斯是個可以當成冰箱常備的甜點，這是我的法國朋友 Marie 告訴我的，她說她很懶得一直做甜點，但是法國人的晚餐後家裡習慣上會吃甜點，她就會在一週前製作好放在冰箱冷藏，用小容器一杯一杯盛裝，這樣無論小孩回家後或是晚餐後隨時想吃個甜點就不用擔心了。相較老人家，做好後放在大的杯子裡或是碗裡，要吃的時候用湯匙勺起的方式，Marie 的方法更讓我喜歡。

---

ingredients

250g	黑巧克力
25g	無鹽奶油
1根	肉桂棒
6顆	雞蛋
1/4顆	檸檬
60g	細糖

---

method

1. 鍋子裡注入冷水加熱，但不能煮滾。將巧克力敲碎，放進另一個鍋子裡，並加入奶油和肉桂棒，以隔水加熱的方式融化，水要保持熱而不煮滾的狀態約 15 分鐘，再將巧克力與奶油攪拌均勻。

2. 將雞蛋分離成蛋黃和蛋白，蛋白加入檸檬汁打成泡沫狀後，再加入 30g 的細糖持續打發至呈現堅挺不掉落的蛋白霜狀。

3. 將肉桂棒從巧克力鍋裡取出，加入蛋黃和剩下的 30g 細糖攪拌均勻，接著分成三次加入蛋白，再攪拌均勻。

4. 將慕斯糊倒入容器裡，放入冰箱冷藏至少 4 小時，即可取出冰涼地享用。

Grand-mème's Tips ··

將蛋白分成三次加入，第一次加入蛋白，先加入上層較為輕盈的蛋白，利用矽膠攪拌匙攪拌均勻後，剩下的再分兩次加入，這樣一來不會倒入不小心沒有打發的生蛋白液，二來慕斯口感會更加結實，不易消泡。

Liang's tips ··

可以在容器底部放些新鮮的覆盆子增加豐富的口感，老奶奶在做巧克力慕斯會分成兩批，一批給小朋友，另外一批給大人的。大人的口感她會在巧克力融化時加入兩大匙很濃很濃的咖啡。聖誕節時，奶奶會加入君度橙酒與 50g 切小小塊的糖漬甜橙一起放入巧克力裡，接著再加入打發的蛋白霜，你也可以試試看。

Gâteau aux pommes moelleux

柔軟蘋果蛋糕

這是奶奶最得意的一道蘋果甜點，來自代代傳承的傳統作法，由奶奶的奶奶傳至她的手中。這道蛋糕美味關鍵是奶奶會使用家裡擺放多時沒有人吃留在果盤裡的蘋果製作，或是後院掉落在草地上切去損壞部分的蘋果，這些被忽略的蘋果反而是製作這款美味蛋糕最理想的選擇。美味可口的甜點，非常適合在菜園忙碌後慰勞自己。

-------------------- ingredients

6顆	蘋果
少量	無鹽奶油・塗抹烤模用
3顆	雞蛋
100g	細糖
100g	無鹽奶油・軟化備用
100g	低筋麵粉
1/2包・約5g	泡打粉
1pinch	海鹽

-------------------- method

1.　烤箱以180°C預熱。先將奶油塗抹在烤模上，蘋果去皮，將芯去掉，切成小塊狀。

2.　在大的調理碗裡加入雞蛋和細糖，使用電動攪拌器攪打均勻，接著加入事先已經軟化的奶油、過篩過的麵粉、泡打粉和海鹽，使用木匙再度攪拌混合，直到麵糊呈現濃稠狀態。

3.　將切好的蘋果塊放入攪拌好的麵糊裡，再度攪拌均勻直到呈現黏稠的狀態。

4.　將攪拌好的麵糊倒入烤模裡，放入烤箱烘烤30分鐘。趁著蛋糕溫熱時脫膜，即可切片享用。

Grand-mème's Tips --------------------

也可以使用馬芬蛋糕模來製作這款蛋糕。蘋果也可以換成西洋梨、杏桃或是李子等水果。蛋糕盡量放在陽光照射不到的地方，這樣可以讓無法一下吃完剩下的蛋糕不會太快變乾。如果淋上紅莓果醬（覆盆子、藍莓或是草莓果醬）在蘋果蛋糕上，會更加美味。

Chapter.2
假日午後的甜點

法國鄉村人家會有不成文的習
慣，每逢假日午後一定會準備稍
微講究的甜點，就像法國的鄉村
人家每個假日午餐必定會準備烤
雞，搭配薯條以及菜園沙拉已經
是不成文的生活習慣。

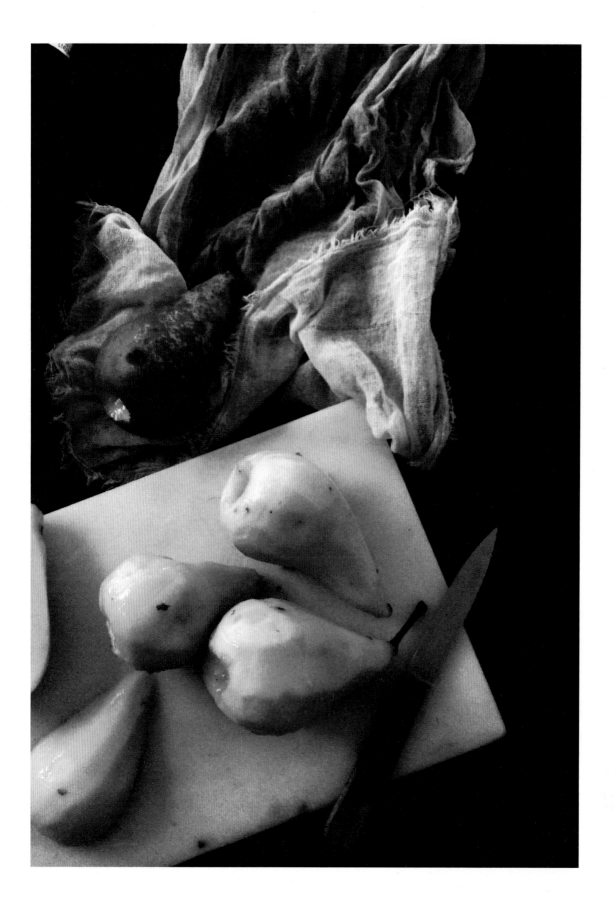

Gâteau invisible aux pommes
隱密的蘋果片蛋糕

當後院蘋果樹下蘋果掉滿草地，我們會拿著桶子，一邊拾起草地上的蘋果在身上的衣服摩擦乾淨後送進嘴裡咬一口，剩下的帶進屋，放一週。奶奶每次都喜歡在蘋果的皮微皺時，做成蘋果片蛋糕或是反烤蘋果派（P.052），在農忙一週後的假日，好好的享受一個可口的、自家蘋果做的甜點似乎已經是奶奶的習慣了。為什麼稱它為隱密的蘋果蛋糕呢？因為這個蛋糕是把蘋果切成片狀，不是大塊狀，吃起來不會特別感覺到蘋果的口感，蘋果已經融入蛋糕的質地裡，那種似有若無的口感而得名。

ingredients

6顆	蘋果
2顆	新鮮雞蛋
70g	細紅砂糖
50g	半鹽奶油
80g	低筋麵粉
11g	無鋁泡打粉
100ml	牛奶
2t	蘭姆酒
適量	糖霜

method

1. 烤箱以200°C預熱。融化30g的半鹽奶油。蘋果去皮、切成四等份，使用蔬菜處理器將蘋果刨成同等大小的片狀。

2. 在大調理碗裡打入雞蛋，將細紅砂糖、麵粉和泡打粉事先混合過篩後再加入，攪拌均勻後加入軟化微溫的半鹽奶油再次攪拌均勻。

3. 倒入牛奶、蘭姆酒攪拌，最後加入蘋果片，將蘋果片和麵糊攪拌均勻讓每片蘋果都能沾到麵糊。

4. 在直徑20cm的烤模四周塗上剩下的奶油，再將蘋果麵糊倒入烤模裡，烘烤40分鐘。出爐放涼，脫模，撒上糖霜即可。

Oeufs
à la neige
白雪蛋

/ 英式香草奶醬 /

1根	香草莢
750ml	全脂牛奶
5顆	蛋黃
75g	細糖

/ 白雪蛋 /

5顆	蛋白
1/4顆	檸檬
70g	細糖
2L	水

/ 焦糖 /

150g	細糖
3T	水
半顆	檸檬
70g	杏仁片

/ 製作英式奶醬 /

1. 將香草莢對切，以刀尖將香草籽刮出。牛奶倒入深鍋裡，放入香草籽，以小火煮滾，離火靜置。

2. 將蛋黃和細糖混合攪拌至呈現淡白色的狀態，再慢慢加入煮滾的 *1*，持續以小火煮至濃稠大約10分鐘。使用木匙攪拌奶醬，提起木匙，奶醬如果包覆著木匙不滴落，就是完成了。

3. 將香草奶醬倒入另外的調理碗裡，放入冰箱冷藏1小時。

/ 製作白雪蛋 /

4. 在鍋子裡加入蛋白和檸檬汁，攪打約2分鐘，直到蛋白液變成白泡泡後，再加入細糖繼續攪打約2分鐘，讓白雪蛋的結構更加紮實。

5. 在深鍋裡注入約2L的水，煮到水面微微震動不要煮滾，以大湯匙舀起大份量的白雪蛋，放進熱水鍋裡煮30秒後，翻面再煮30秒撈起，放在廚房紙巾上吸乾水份，再將做好的白雪蛋放入冰箱冷藏。

/ 製作焦糖 /

6. 鍋裡放入細糖和3大匙的水，將糖水煮成焦糖色，離火加入檸檬汁，保持焦糖溫度。杏仁片放進鍋裡烘烤上色。

/ 組合 /

7. 在杯子或是盤子舀入英式香草奶醬，放入白雪蛋，淋上溫溫的焦糖醬，再撒上現烤的杏仁片即可享用。

Grand-mème's Tips ··············

將焦糖淋上白雪蛋前，請記得一定要讓焦糖的溫度稍微降溫再淋上，否則過熱的焦糖會讓白雪蛋融化。

奶奶替小孫子做白雪蛋時，會用有糖低脂牛奶替代水來煮熟白雪蛋，這樣煮出來的白雪蛋會更加濕潤，接著再用有糖低脂牛奶替代英式香草醬，放上白雪蛋，淋上焦糖醬，撒上杏仁片，小朋友很喜歡這樣的吃法。

Liang's tips ··············

煮白雪蛋時，水溫要特別注意，不要讓水滾了或是溫度過高，這樣都會讓白雪蛋在遇到高溫水時全部融化了。這是一個無法保存太久的甜點，建議做完後馬上享用。

Gâteau Citron-Pavots

罌粟花籽檸檬蛋糕

•••••••••••••••••• ingredients

120g	無鹽奶油
150g	低筋麵粉
1/2t	無鋁泡打粉
180g	細糖
1顆	有機檸檬碎皮
3顆	大顆雞蛋
80ml	檸檬汁
4～6t	罌粟花籽

/ 檸檬糖漿淋醬 /

25ml	檸檬汁
125g	糖霜

•••••••••••••••••• method

1. 烤箱以 170°C 預熱。奶油用微波爐或是放入小鍋內以小火加熱至融化後放置備用。將麵粉和泡打粉過篩混合均勻。

2. 在調理碗裡放入融化的奶油、細糖、檸檬碎皮，攪拌混合均勻後加入雞蛋，一顆一顆地加入，攪拌至雞蛋完全混合均勻。

3. 加入麵粉、泡打粉、過濾過的檸檬汁和罌粟花籽。烤模塗上奶油，再撒上麵粉，倒入麵糊，烘烤約35分鐘。

4. 在烤蛋糕過程中，在鍋子裡放入糖霜和檸檬汁，煮到糖霜融化。

5. 取出蛋糕，在蛋糕稍冷還是溫溫的狀態下脫模，放在蛋糕架上冷卻，再淋上檸檬糖漿。烤箱以 200°C 預熱，再度將蛋糕放入烤箱烘烤 3 分鐘，出爐放在室溫冷卻即可。

La belle Hélène

美麗愛蓮娜

●●●●●●●●●●●●●●●●●●●● ingredients

2顆	西洋梨
50g	細糖
半顆	檸檬汁
半根	香草莢
50g	黑巧克力
50ml	液態鮮奶油
適量	杏仁片
25g	糖霜
2球	梨子冰淇淋

●●●●●●●●●●●●●●●●●●●● method

1. 梨子削皮去芯。 在深鍋裡注入500ml 的水，放入細糖、檸檬汁和剖剖的香草莢，煮滾後再放入梨子煮約10分鐘後，撈起梨子放涼。

2. 取 20ml 液態鮮奶油小火加熱，剩下的鮮奶油暫時先放在冰箱，加熱過後的鮮奶油放涼備用。

3. 另起一個鍋子放入壓碎的巧克力碎片，再取另一個鍋子注水，放入裝有巧克力碎片的鍋子，以小火用隔水加熱方式將巧克力融化，巧克力融化後離火，加入放涼的鮮奶油鍋裡攪拌均勻，讓巧克力呈現滑順的狀態，再將巧克力鍋放回熱水鍋裡，放置一旁備用。

4. 杏仁片放入平底鍋裡，乾煎至杏仁片上色即可。從冰箱取出剩下的鮮奶油，將鮮奶油打發，最後加入糖霜繼續打發成尚堤伊鮮奶油醬 (Crème Chantilly)。

5. 從冰箱取出兩瓣的梨子，放進杯子裡，淋上 *3.* 的巧克力醬，再放上一球梨子冰淇淋，最後加上尚堤伊鮮奶油醬，撒上烤過的杏仁片，即可趁冰涼享用。

Grand-mère's Tips ●●

梨子削皮後很容易氧化，因此削完梨子皮後，可以快速地抹上檸檬汁，這樣可以延長梨子的原色，不至於快速的氧化。

最好選擇威廉梨 (Williams)，此品種的梨子在糖水蜜的過程中不會很快軟化。如果沒有新鮮的梨子，也可以用罐頭梨取代更加方便，但是口感沒有新鮮蜜的梨好吃。

千萬不要直接將巧克力鍋放在火爐上加熱，因為我們無法確實掌控火的溫度，會使巧克力融得過頭而出油。隔水加熱的方式，溫度不會過高，巧克力需要時間來慢慢地融化，口感也會比較滑順。

Gâteau chocolat -courgette

巧克力櫛瓜蛋糕

-------------------------------- ingredients

300g	櫛瓜
·刨絲後擠掉水份的重量	
300g	70% 以上黑巧克力
4顆	新鮮雞蛋
40g	細蔗糖或細糖
35g	無糖黑可可粉
35g	玉米粉
少許	鹽
適量	鹽之花

-------------------------------- method

1. 將有機櫛瓜刨絲盡可能刨成最細的狀態，再用手擠掉水份。將黑巧克力切塊後放入鍋裡，再準備外鍋加入煮滾的熱水，將巧克力鍋放入隔水加熱融化。

2. 將雞蛋的蛋黃與蛋白分開。在鍋裡放入蔗糖或細糖，再加入蛋黃攪拌混合，加入無糖可可粉和玉米粉再度重新攪拌混合，加入櫛瓜絲再度攪拌後，將融化的黑巧克力加入混合均勻。

3. 在蛋白裡加鹽打發成鳥嘴下垂的狀態後，加入 *2.* 的巧克力糊裡混合均勻。在直徑 20 ～ 23cm 烤模的底層鋪一張與底部同等尺寸的烘焙紙，倒入麵糊。

4. 烤箱以180°C預熱，將烤模放入烘烤30分鐘，出爐後放涼保持微溫後脫模，最後撒上少量無糖黑可可粉和鹽之花海鹽即可。

Carrés au citron

融化的四方檸檬軟糕

------------------------- ingredients

/ 蛋糕體 /

100g	無鹽奶油・室溫
50g	糖霜
1顆	有機檸檬皮
175g	自然麵粉・任何穀類麵粉

/ 檸檬內餡 /

5顆	新鮮雞蛋
250ml	檸檬汁・大約5～6顆檸檬
250g	糖霜
50g	自然麵粉・任何穀類麵粉
適量	糖霜

------------------------- method

1. 烤箱以160°C預熱。將奶油和糖霜攪拌混合乳化呈淡黃色，再加入刨好的檸檬碎和過篩過的麵粉，混合後略微整型後倒入烤模裡，輕壓麵糊，用叉子在麵糊上四處插洞，再放入烤箱烘烤約30分鐘。

2. 取出烤好的軟糕靜置一旁，將烤箱溫度提升至180°C。在調理碗打入雞蛋，再加入檸檬汁混合均勻。另一個大的調理碗裡放入糖霜和麵粉混合均勻，再放入檸檬蛋液確實攪拌均勻後將泡泡濾除。

3. 將檸檬蛋糖液倒入剛剛烤好的蛋糕體上，再放入烤箱烘烤20～25分鐘，直到檸檬餡熟成，取出後靜置至完全冷卻後再脫模。完全冷卻並且脫模後，撒上糖霜再將軟糕切成約16塊即可。

Tarte tatin
反烤蘋果派

我第一次吃到反烤蘋果感到很驚艷，尤
其是放上一球香醇濃郁的香草冰淇淋搭
配，對剛認識法式家常甜點的我來說，
簡直是每吃一口都能感覺自己嘴角不由
自主地上揚，就是這麼的美味。

●●●●●●●●●●●●●●●● ingredients

15顆	蘋果
100g	細糖
50g	無鹽奶油·室溫軟化
5ml	水

/ 酥脆派皮 /

200g	低筋麵粉
100g	無鹽奶油
4ml	水
2pinch	海鹽
1顆	蛋黃

●●●●●●●●●●●●●●●● method

1. 蘋果去皮，利用蘋果去芯器將蘋果芯取出，或是也可以將蘋果對切後，再用刀子將蘋果芯切除。

2. 在一只平底鍋或是深鍋裡，加入細糖、奶油和水，以中大火煮成焦糖。

3. 在焦糖處於微焦糖化的白色階段，將蘋果對切，以直立放置方式將蘋果放入鍋子裡，如果所有的蘋果無法直立放，就放在焦糖裡煮到蘋果稍微軟化後就能有空間使它們全部緊靠一起。

4. 以小火慢煮約20分鐘，此時蘋果汁會被高溫推高至鍋鼎邊緣，這是正常現象，目的是將蘋果全煮熟。蘋果煮到將近20分鐘，離火靜置放涼。

/ 製作派皮 /

5. 在等待蘋果煮熟的期間開始製作派皮，烤箱以 200°C預熱。在食物攪拌機裡放入麵粉、室溫融化的奶油、水、海鹽和蛋黃，以中速模式將所有的食材混合成一個麵團。

6. 在工作平台撒上少量的麵粉，取出麵團，將麵團桿開，派皮麵團必須桿得比要使用的鍋具或是即將使用的烤模還要再大一些，這樣會比較容易包覆住蘋果。

7. 將桿好的派皮放在一個盤子上，再放入冰箱冷藏鬆弛，約莫20～40分鐘。

/ 組合烘烤 /

8. 從冰箱取出派皮，蓋在蘋果上方，但請別壓過緊，一定要讓派皮能從鍋子邊緣塞入。可以藉用小刀的刀尖將派皮塞入鍋子的邊緣，務必讓派皮邊緣包實著焦糖蘋果。

9. 派皮上用刀尖戳幾個小洞，烤箱溫度以180～ 200°C之間烘烤15分鐘。從烤箱取出後，放涼15分鐘之後再倒扣在盤子上即可。

Tarte au rhubarbe et pomme

大黃根蘋果塔

老奶奶的蘋果糊大黃根塔是許多鄉村奶奶信手捻來的一道家常甜點，更正確地說是作法很有奶奶個人風格的一道甜點。春季的菜園裡大黃根長得正茂盛，奶奶從菜園裡進屋手裡都會拿著幾根又粗又厚的大黃根，搭配擺在家裡桌上很久沒人吃的蘋果一起糖蜜後，做成假日裡餐後最美味的塔。老人家喜歡帶有蘋果糊的口感，當然不加蘋果糊也可以，味道沒那麼香，但仍然很美味。如果願意的話，也可以用「大黃根草莓糊」（P.176）替代蘋果糊，味道會更香。

-------------------- ingredients

1張・250g	千層派皮・市售
4顆	蘋果
4根	大黃根
1t	肉桂粉
150g	有機蔗糖
1包・7g	香草糖
少許	水

-------------------- method

1. 烤箱以 180°C 預熱。將千層派皮桿開，放上烤模，派皮底用叉子戳洞，接著鋪上一張烘焙紙再放上石鎮，放入冰箱冷藏約 15 分鐘。

2. 蘋果去皮切丁，放入深鍋裡。大黃根洗乾淨，綠色的部分切成塊狀，剩下紅色漂亮部分暫時留著，一起放進鍋內，加入糖、肉桂粉和少許水（如果是老蘋果比較不會生水就得加點水進去煮），煮成糊狀，再放涼備用。

3. 從冰箱取出派皮，放入烤箱烘烤 5 分鐘，取出烘焙紙再烘烤約 3 分鐘。倒入煮好的蘋果大黃根泥，放上紅色部分的大黃根，撒上香草糖，放入烤箱烘烤 30 分鐘，烤至大黃根軟熟即可。

Fontainebleau traditionnel
經典楓丹白露

這道甜點在市面上已經不多見了，應該除了家中有上了年紀的老婆婆的家庭才會有機會吃到這道甜點。口感輕盈又健康，可以根據季節搭配不同的當季水果，最常見的就是各種莓果和莓果果醬，從優雅的外型和名字應該不難看出她的出生從何而來。

------------------------------ ingredients

300g	白乳酪
300ml	全脂液態鮮奶油
60g	細糖
200g	新鮮藍莓或冷凍藍莓

------------------------------ method

1. 取一條紗布，用清水沖洗備用。將白乳酪放入襯有紗布的細網篩裡，再將細網篩放在調理碗上，放置在涼爽的地方或是冷藏瀝乾 2 小時。同時，將藍莓鋪在一張烘焙紙上，放入冰箱冷藏 30 分鐘。

2. 事先將鋼鍋跟打蛋器放置冷凍庫至少 1 小時，將非常冰的液體鮮奶油取出倒入冷凍過的鋼鍋裡，將鮮奶油打發，在打發的過程中與結束之前加入細糖，繼續將鮮奶油打發成霜狀。

3. 將打發的鮮奶油輕輕拌到瀝乾的白乳酪中，避免拌到下方的乳清，讓整體呈現乾爽的狀態。再將楓丹白露分裝在內襯一個小方形薄紗的杯子裡，頂部放一些藍莓，即可食用。

Beignet
de pomme
à la cannelle
炸肉桂蘋果甜甜圈

-------------------- ingredients

/ 麵糊 /

125g	低筋麵粉
1t	泡打粉
20g	糖·這裡用的是紅蔗糖
1t	海鹽
1/4t	肉桂粉
150ml	牛奶
1T	水果白蘭地·非必須
2大顆	蘋果
適量	白砂糖
適量	炸薯條用油

-------------------- method

1. 將麵粉、泡打粉、糖、海鹽和肉桂粉混合均勻，接著加入牛奶和水果白蘭地，充分地攪拌成麵糊的稠度後，放置 1 小時。

2. 蘋果洗淨去皮，挖出蘋果芯，切成圓圈狀，放入麵糊裡。

3. 薯條油注入鍋內加熱，滴入 1 小滴麵糊，麵糊如果馬上浮起，就可以將沾裹麵糊的蘋果圈下鍋炸至表面呈金黃色，撈起以吸油紙巾吸去多餘的油份。

4. 撒上白砂糖，馬上享用，順便搭配一杯溫溫的甜蘋果酒。

Liang's tips --------------------

喜歡吃麵皮酥脆口感的話，需要在剛炸好時趁熱享用，放冷的炸蘋果甜甜圈會回潮，麵皮會變軟。

Fondant chocolat à la farine de châtaigne

栗子粉熔岩巧克力

---------------------------- ingredients

2顆	雞蛋
100g	黑巧克力
90g	無鹽奶油·室溫軟化
75g	黑糖
60g	栗子粉
適量	可可粉·裝飾用

---------------------------- method

1. 烤箱以180°C預熱。將雞蛋的蛋白和蛋黃分開，蛋白攪打至呈現鳥嘴不滴落狀態為佳。

2. 在平底鍋裡注入冷水，另外一只小深鍋放入敲碎的巧克力，奶油切塊後一併放入，隔水加熱融化奶油和巧克力（偶爾拿起小深鍋搖晃能讓奶油和巧克力更快融化）。

3. 在大的調理碗裡將蛋黃和黑糖混合均勻，慢慢地加入融化的巧克力奶油，一邊加入一邊攪拌（確認融化的巧克力奶油降溫到不燙手程度才能倒入蛋黃糖裡混合）。

4. 栗子粉過篩後，一邊加入一邊攪拌均勻成稠厚的麵糊狀態。再分批加入打發的蛋白，烤模塗上奶油，倒入麵糊，烘烤30分鐘即可。

Liang's tips --

請趁著溫熱的狀態享用此蛋糕，切開蛋糕熔岩就會緩緩流出。如果想要蛋糕裡的熔岩保持濕潤、濃郁巧克力醬口感，待蛋糕冷卻後移放在溫度低冷處即可（想要拍出蛋糕照穩定就需採用此方法）。

Chapter.3
家庭聚會的甜點

法國鄉村一年裡的家庭聚會，大
大小小約有5、6次之多，例如生
日、村莊慶典活動，還有對家庭
成員有特殊意義的日子，例如在
北法每年淡菜季節時奶奶總會叫
上全家聚在一起吃淡菜炸薯條，
這也是家族聚會的一個大事。

Fraisier
classique
草莓奶霜蛋糕

每年七月村裡的慶典日這天，奶奶都會
要求我做草莓奶霜蛋糕，這時節是草莓季
末，草莓奶霜蛋糕也是爺爺少數會吃的一
道甜點。以前節慶時，奶奶會準備蛋派，
因為爺爺特別喜歡草莓蛋糕，但是做工
過於繁複，奶奶不再做便由我接手製作
這道不甜膩又香醇的草莓甜點。

•••••••••••••••••••••••• ingredients

/ 戚風蛋糕體 /

（作法請參閱 P.154 的果醬蛋糕捲）

/ 甜點奶霜 /

1根	香草莢
200ml	全脂牛奶
20g	無鹽奶油·室溫軟化
2顆	蛋黃
15g	玉米澱粉
30g	細糖

/ 奶油霜 /

| 70g | 無鹽奶油·室溫軟化 |

/ 草莓糖漿 /

150ml	水
170g	細糖
40ml	草莓甜漿酒

/ 裝飾 /

| 500g | 草莓 |
| 適量 | 糖霜 |

•••••••••••••••••••••••• method

/ 製作戚風蛋糕體 /

1. 將烤箱以 180℃ 預熱。烤模四周塗上奶油並撒上少量麵粉，或是在烤模裡放入烘焙紙，再倒入麵糊，放入烤箱烘烤 8 分鐘，出爐後放在網架上冷卻。

/ 製作甜點奶霜 /

2. 將香草莢對切後利用刀尖將香草籽刮出，放入裝有牛奶和奶油的鍋子裡煮至小滾。

3. 在另一個鍋子裡打入蛋黃，放入細糖和玉米澱粉攪拌混合均勻。再將煮滾的香草牛奶慢慢倒入，一邊倒入一邊快速攪拌。最後將甜點奶霜倒入一只乾淨的鍋子裡，蓋上一張保鮮膜，放入冰箱冷卻定型。

/ 製作奶油霜 /

4. 甜點奶霜完全冷卻後，將70g的奶油放入鍋裡，使用電動打蛋器輔助將奶油打勻，接著加入甜點奶霜，再次將奶油和甜點奶霜攪拌混合，就是奶油霜。

/ 製作草莓糖漿 /

5. 在小鍋裡注入水，放入細糖和草莓甜漿酒一起煮滾（如果沒有草莓甜漿酒，可以將草莓打成泥後加入一起煮）。

/ 組合 /

6. 將戚風蛋糕橫對切成二，再用個人喜好的大小圓形蛋糕圈壓出蛋糕圓體，在蛋糕體刷上草莓糖漿，每處都要刷到。

7. 為了完成後方便脫模，在蛋糕鐵圓模(中空模)的底層放入一張烘焙紙，蛋糕鐵圓模也貼上一圈烘焙紙。

8. 將刷好糖漿的蛋糕放入底層，鋪上一半量的草莓在底層，再將幾顆草莓對半切後貼在圓鋼圈一圈，填入奶油霜並且刷平整，將另外一片戚風蛋糕刷上糖漿，有糖漿那面朝奶油霜方向下蓋。

9. 撒上糖霜，放上剩下的草莓裝飾，放入冰箱冷藏即可。

Vacherin
挪威式冰淇淋蛋糕
（草莓香草冰淇淋蛋糕）

·················· ingredients

/ 戚風蛋糕體 /

60g	低筋麵粉
30g	馬鈴薯粉或玉米粉
150g	新鮮雞蛋
90g	細糖
1pinch	海鹽
半顆(半根)	檸檬皮(香草莢)

/ 冰淇淋 / · 自製或是現成的皆可

400g	香草冰淇淋 · P.083
400g	草莓冰淇淋 · P.153

/ 義大利蛋白霜 /

3顆	蛋白 · 室溫
170g	細糖
50ml	水

··················· method

/ 製作戚風蛋糕體 /

1. 烤箱以180°C預熱。將30g麵粉和馬鈴薯粉混合後一起過篩。將雞蛋放入抬頭式攪拌機的攪拌盆裡,低速攪打約5分鐘後,加入細糖、海鹽和檸檬皮,高速攪拌5〜10分鐘,拌至麵糊略膨脹、顏色稍淡且柔軟,用攪拌棒拉起後的狀態可以停留些時間再滴落往下的狀態即可。

2. 保留麵糊裡的空氣,最好的方式就是利用矽膠攪拌棒一邊攪拌一邊將剩下的麵粉過篩加入,直到完全攪拌均勻,稍微有點消泡無妨,拌至麵糊形成濃稠的奶霜狀質感。如果使用有機蔗糖則要在加入雞蛋時,攪打時間得再久一些。

3. 將麵糊倒入鋪著烘焙紙的烤盤,要有5mm厚度比較好,放入烤箱烘烤10分鐘(避免超過這個時間)。烤好的蛋糕呈金黃色且柔軟,冷卻還是溫熱時,切下需要的大小放進模子。

/ 放入冰淇淋 /

4. 取出草莓冰淇淋,可以使用攪拌器稍微打鬆或是放室溫幾分鐘再用叉子將冰淇淋攪拌弄鬆,鋪平在蛋糕體上,用湯匙稍微壓緊,放進冷凍庫30分鐘。

5. 香草冰淇淋也以和草莓冰淇淋相同方式處理弄鬆,先放一塊蛋糕體在草莓冰淇淋上方,再填入香草冰淇淋壓平,放進冷凍庫。

/ 製作義大利蛋白霜 /

6. 將蛋白放進調理盆中,以中速攪打。另一個深鍋裡放入糖和水,煮至糖分解在水中,且鍋中糖水煮滾呈大水泡(這時約117〜118°C左右)。

7. 熄火,將糖水分次慢慢倒入正在攪打的蛋白霜裡,持續地讓攪拌器攪打蛋白霜(這時候已經呈現幾倍膨脹的蛋白霜),用手摸調理盆還是溫熱,直到蛋白霜質地紮實、不滴落即可。

/ 組合 /

8. 從冷凍庫取出蛋糕,脫膜。將義大利蛋白霜塗抹在蛋糕四周或是用擠花嘴輔助,再以噴槍燒出焦糖色即可。

Gâteau
à l'orange
甜橙巧克力蛋糕

最早接觸到奶奶的甜橙蛋糕是濕潤的甜橙蛋糕體,我已經覺得很好吃了。在某年聖誕節前的姪女生日,奶奶做了一個甜橙蛋糕淋上巧克力醬,我第一次發現甜橙蛋糕上面有巧克力淋醬雖然是樸實不華的蛋糕,味道卻極其的好。後來我想到也可以在巧克力淋醬裡加入榛果碎,在吃到橙香味的同時又有榛果香,加上脆脆的口感,在柔和之中增加咬勁,是一道兼具口感香氣的甜點。

-------------------- ingredients

2顆	甜橙
240g	無鹽奶油·室溫軟化
240g	細糖
2顆	新鮮雞蛋
11g	泡打粉
240g	低筋麵粉

-------------------- method

1. 烤箱以180°C預熱。將甜橙皮用刨刀刨下碎皮,再擠出甜橙汁。將室溫軟化奶油和糖攪拌混合均勻。

2. 加入雞蛋,邊加入邊攪拌,接著再加入甜橙碎皮和甜橙汁。麵粉和泡打粉過篩後加入,再攪拌混合均勻成蛋糕麵糊。

3. 烤模四周塗上奶油和撒上少量的麵粉,能使蛋糕容易脫模。倒入蛋糕麵糊,烤模頂端需要預留2cm高度,放入烤箱烘烤18 ~ 20分鐘。蛋糕脫模後即可享用。

Gâteau au fromage blanc

白乳酪蛋糕

●●●●●●●●●●●●●●●● ingredients

/ 塔皮 /

250g	低筋麵粉
50g	糖霜
1/2t	食用小蘇打粉
125g	無鹽奶油

/ 內餡 /

2顆	新鮮雞蛋
50ml	牛奶
650g	法式白乳酪
200g	濃縮鮮奶油
150g	細糖
50g	玉米澱粉
1t (半根)	香草精(香草莢)

●●●●●●●●●●●●●●●● method

/ 製作塔皮 /

1. 在大的調理碗裡，放入麵粉、糖霜和小蘇打粉攪拌均勻，再將奶油切成小塊放入，攪拌混合成團狀。

2. 在工作檯撒上麵粉，烤模塗上奶油。將塔皮麵團桿開後，放入塔模裡，使用叉子插洞，再放入冰箱冷藏。

/ 製作內餡 /

3. 烤箱以180°C預熱。將雞蛋的蛋白與蛋黃分離備用。 蛋黃和白乳酪混合後加入鮮奶油、糖、玉米澱粉和香草精。

4. 另一個鍋裡放入蛋白，利用電動打蛋器將蛋白打發至堅挺狀，再慢慢地將打發的蛋白舀入蛋黃白乳酪裡(這裡只需要用覆蓋的手法來將蛋白覆蓋上，千萬不要過度攪拌)。

5. 將內餡倒入冷藏過的塔皮裡，放入烤箱烘烤30分鐘。將烤箱溫度降至150°C，繼續烤1小時(出爐前確認蛋糕是否熟透，中間一定要挺實，呈現不再晃動的狀態)。

6. 讓蛋糕冷卻10分鐘，倒扣到金屬架上(這樣可以防止餡料塌陷)。蛋糕完全冷卻後再脫模。可以撒上糖霜或搭配水果醬食用。

Liang's tips ●●

也可以不需要製作塔皮，在烤模裡放上一張烘焙紙，將乳酪內餡倒入直接烘烤亦可。

Profiterole

香草冰淇淋泡芙巧克力淋醬

•••••••••••••••••••• ingredients

/ 香草冰淇淋 /

250ml	全脂液態鮮奶油
150ml	煉乳
1根	馬達加斯加香草莢

/ 巧克力淋醬 /

50ml	水
50ml	牛奶
10g	細糖
15g	無鹽奶油
1pinch	鹽之花
100g	70% 黑巧克力

/ 泡芙 /

75ml	全脂牛奶
75ml	水
80g	無鹽奶油
1pinch	海鹽
1pinch	細糖
120g	低筋麵粉
3顆	新鮮雞蛋

•••••••••••••••••••••••••••••••••• method

/ 製作冰淇淋 /

1. 從冰箱取出冰冷的鮮奶油，以電動打蛋器將鮮奶油打發，加入煉乳，香草莢對切後用刀尖將香草籽刮出放入攪拌混合，此時的奶油霜在攪拌棒上應該呈現不掉落的狀態。

2. 倒入保存容器裡，蓋上蓋子或是保鮮膜，放入冷凍庫一個晚上或是至少 4 小時。（若是使用冰淇淋機製作的冰淇淋成品放冰箱只要 1 個小時即可享用。）

/ 製作巧克力淋醬 /

3. 小鍋裡放入水、牛奶、細糖、奶油和海鹽一起煮滾。巧克力切塊後加入，不攪拌讓巧克力慢慢融化約 1 分鐘，靜置備用。

/ 製作泡芙 /

4. 烤箱以 180°C 預熱。將牛奶、水、奶油、海鹽和細糖放入鍋子裡加熱，待滾後離火加入麵粉攪拌均勻，再度以中小火煮約 2 分鐘將麵糊稍微再煮乾一些，煮至麵糊不會再沾黏在鍋面上的狀態即可。

5. 將煮好的麵糊靜置，變涼後再倒入食物調理鍋裡，以中速攪打。雞蛋事先攪拌混合後慢慢地加入調理鍋，此時的攪拌機要保持攪打狀態，湯匙如果在麵糊上劃開，麵糊呈現慢慢回流的狀態即可。

6. 將麵糊填入擠花袋裡，如果能放進冰箱冷藏 1 小時或是前一天製作好麵糊冷藏一晚更好。烤盤鋪上一張烘焙紙，將麵糊擠上，放入烤箱烘烤25～30分鐘。

/ 組合 /

7. 將泡芙的頂部切開，挖取一球香草冰淇淋鋪在泡芙上，再蓋上泡芙蓋子，淋上巧克力醬，即可享用。

Charlotte
au poire
西洋梨夏洛特

---------------------- ingredients

/ 糖漬梨 /

1根	香草莢
2顆	西洋梨
300g	細糖
600ml	水

/ 內餡 /

200ml	全脂牛奶
3.5張	吉利丁
2顆	雞蛋
200ml	鮮奶油
1顆	新鮮西洋梨
90g	細糖
約15條	手指餅乾
2顆	糖漬西洋梨

---------------------- method

/ 製作糖漬梨 /

1. 將香草莢對剖。鍋裡放入水、細糖和香草莢，煮到糖化，再放入去皮的西洋梨，以小火煮25分鐘，瀝乾西洋梨放涼備用。

/ 製作內餡 /

2. 將牛奶倒入深鍋裡，以小火加熱。吉利丁放進冷水裡泡軟備用。

3. 將蛋黃和60g細糖一起混合打成淡白色的狀態，慢慢加入3/4的熱牛奶，快速地攪拌均勻，再倒回鍋內，煮到醬汁濃稠就是所謂的英式奶醬。

4. 趁奶醬保有餘溫快速地將2.5張泡軟的吉利丁放入，攪拌讓吉利丁融化到奶醬裡。

5. 使用電動打蛋器將鮮奶油打發，再將打發的鮮奶油加入英式奶醬裡攪拌均勻，放置備用。

6. 將新鮮的西洋梨去皮、去梗去芯後，切成小塊，再將西洋梨打成泥倒入鍋子裡，加入30g細糖煮到融化，加入1張泡軟的吉利丁攪拌均勻。

7. 將煮好的西洋梨泥分成兩份，一份倒入剛剛做好的奶醬裡再度攪拌，靜置備用。

/ 組合 /

8. 將手指餅乾沾取西洋梨果泥，再放入夏洛特烤模裡並排排好。將糖漬西洋梨切塊後放入烤模裡，倒入奶醬，再取幾條手指餅乾放在奶醬上面，放進冰箱冷藏至少4小時，最好8小時。

/ 倒扣 /

9. 從冰箱取出夏洛特，用刀子在烤模邊緣劃上一圈之後，蓋上盤子，倒扣過來，在烤模底部輕敲幾下，取下烤模，再裝飾幾個西洋梨即可。

Grand-mème's Tips --

這份食譜的糖份很低，不會過甜，因為糖漬西洋梨已經很甜了，跟軟嫩猶如慕斯口感的夏洛特內餡一起品嘗剛剛好。通常做給孫子吃會再淋上一些些糖漬西洋梨的糖漿，也非常美味，糖漿裡帶有西洋梨的香氣。

Saint-Honoré
聖多諾黑

為了讓泡芙可以在千層派上有漂亮且大小一致的外觀，一定要想像千層派是個鐘，先從中間位置擺上，接著擺上六點的位置，之後是三點的位置，跟著是九點的位置，最後就可以將剩下的泡芙放入，這樣就會擁有一個平橫且美觀的 Saint-honore。

在製作前先整理出所有的食材，但是為了不讓尚堤伊醬和甜點奶霜太早將派皮浸濕，最好是在最後時刻再將 Saint-Honore 組合起來。另外，奶霜只能在冰箱裡保存 3 ～ 4 小時，做好後要儘快吃完。

Saint-Honore 是需要花很多時間製作卻非常美味的甜點，尤其是一口咬下上層有甜脆焦糖泡芙，泡芙內不過甜不膩的甜點奶霜，雙重口感，讓嘴裡得到十足美味的回饋。

這是具有品嘗時間期限的甜點，如果可以的話，前一兩天先製作好千層派皮，開始做當天先以甜點奶霜開始著手，畢竟它得冷卻 1 小時的時間。

奶奶的作法裡有好多製作上的小細節，像是泡芙麵糊加蛋的方式，麵糊應該要有的狀態，泡芙挖洞的方式，漂亮焦糖色的煮法。建議先將製作方式看過一遍再動手，才不至於手忙腳亂喔！

-------------------------------- ingredients

1張	千層派皮·市售

／泡芙／

125ml	水
55g	無鹽奶油
1pinch	海鹽
75g	低筋麵粉
2顆	雞蛋
1顆	蛋黃

／奶霜／

1根	香草莢
350ml	全脂牛奶
5顆	蛋黃
40g	細糖
15g	低筋麵粉
15g	玉米粉
25g	無鹽奶油

／焦糖／

125g	細糖
2T	水

／尚堤伊醬／

1根	香草莢
200ml	很冰涼的液態鮮奶油
50g	糖霜

-------------------------------- method

1. 烤箱以180°C預熱。將千層派皮桿開,切割下直徑約20cm 的圓,放置在鋪有烘焙紙的烤盤上,並用叉子在派皮上叉出洞孔。再放上一張烘焙紙,讓派皮不要烤得過高,烘烤約 17 分鐘,取出冷卻。

／製作泡芙／

2. 在深鍋裡放入水、奶油和鹽煮滾,離火,一次性將麵粉加入,使用木匙攪拌混合成麵團狀,再以中火煮約3分鐘,期間要不斷地攪拌麵團,直到麵團不黏鍋。

3. 將麵團放入調理碗裡,雞蛋一顆顆地加入,加入後要將蛋確實攪拌混入麵團裡,才可以加下一顆蛋。

4. 此時的麵糊不會過濕也不會過乾,以木匙拉起麵糊有如薄片不輕易掉落。將麵糊填入擠花袋裡,烤盤上鋪一張烘焙紙,將麵糊擠約 2cm 大小,塗上一層蛋黃液在麵糊上,烘烤25～30分鐘。

／製作奶霜／

5. 將香草莢對切後取出香草籽,在深鍋放入牛奶和香草籽,煮至小滾。

6. 在調理盆裡放入蛋黃和細糖攪拌約1分鐘,再加入麵粉和玉米粉攪拌均勻,接著慢慢倒入煮滾的香草牛奶,快速拌勻後再倒回鍋裡,保持小火一邊攪拌,直到形成濃稠狀,離火。

7. 加入奶油,將奶油充分地拌入直到混合均勻,用保鮮膜封住鍋口放涼約 1 小時。

／泡芙填餡／

8. 將泡芙的底部挖個小洞或是用擠花嘴的口直接在泡芙底輕輕挖出洞,接著將奶霜填入擠花袋裡,填入泡芙裡一半的份量即可。

／製作焦糖／

9. 在鍋子裡放入細糖和水,以中火煮到清澈焦糖色後離火,讓鍋子保持熱度持續將焦糖轉為更深的顏色。

10. 準備一個烤模塗上奶油,泡芙的頂端沾取熱熱的焦糖,放入烤模直到焦糖變硬為止。每個泡芙底下沾少許的焦糖,放上千層派皮外圍,這樣泡芙會更牢靠不會輕易晃動。

／製作尚堤伊醬／

11. 將香草莢對切後取出香草籽,鮮奶油和香草籽放入調理鍋以低速打發,接著放入糖霜打至鮮奶油蓬鬆、結構紮實的狀態,用打蛋器挖起尚堤伊醬,呈直挺狀不滴落即可。

／組合／

12. 將剩下的奶霜放進千層派裡,這時的泡芙已經在外圍固定一圈,擠上打發的尚堤伊醬,即可盡快享用。

Pavlova
莓果巴夫洛娃

-------------------- ingredients

/ 蛋白餅 /

100g	蛋白
100g	細糖
100g	糖霜
1顆	檸檬皮
1顆	檸檬汁

/ 香緹霜 /

25g	瑪斯卡彭起司
250ml	液態鮮奶油
25g	糖霜
1/2根	香草莢

/ 裝飾用 /

適量	櫻桃
適量	草莓
適量	糖霜
適量	蛋白霜

-------------------- method

/ 製作蛋白餅 /

1. 將蛋白放入食物調理盆或是調理碗裡，以食物調理機或是電動打蛋器中速攪打至發起大泡泡後加入細糖，持續打發到蛋白霜體不流動、鍋盆倒立都不掉落的狀態。

2. 將蛋白霜裝放入另一個調理碗裡，倒入糖霜、檸檬碎皮和檸檬汁後，用矽膠攪拌匙攪拌混合後，蛋白霜仍然保持挺立不掉落的狀態。

3. 將蛋白霜在鋪著烘焙紙的烤盤上整出一個漂亮的形狀。將剩下的蛋白霜填入擠花袋，擠出小錐形狀。放入烤箱以95°C烘烤90分鐘。

/ 製作香緹霜 /

4. 將瑪斯卡彭起司放入食物調理盆裡攪拌均勻後，加入液態鮮奶油、糖霜和香草莢對切後刮出的香草籽，持續打發至奶霜呈固態不掉落的狀態。

/ 組合 /

5. 從烤箱取出蛋白餅後，在蛋白餅的中心位置挖空，要小心蛋白餅易碎，別將周圍的蛋白餅挖碎了，烤好的蛋白餅表皮是脆的中芯內部的蛋白餅是軟的，這是法式蛋白霜的特色。

6. 填入香緹霜，放上對切的草莓、櫻桃、幾顆蛋白霜，撒上糖霜即可。

Baba
au rhum

蘭姆酒芭芭

當我看到做好的蛋糕泡在蘭姆酒糖漿裡
時，「蛋糕也能放在糖漿裡，這樣的蛋糕
吃起來不是很濕嗎？」這是在奶奶家第
一次看到時驚訝的心情。入口的口感也
很讓人驚奇，蛋糕體其實就是「布里歐
須奶油麵包」(P.134)，做好後浸泡在蘭
姆酒糖漿裡。演變至今，法國很多甜點
店或是製酒廠會製作出很多小顆的奶油
蛋糕放在一個罐子裡，裡面泡著自家產
的酒製作而成的酒糖漿，做成一道甜點
商品販售。法國人真的很愛吃濕潤口感
的甜點，也許不是我們習慣的蛋糕口感，
但是吃過之後真的回不去，太好吃了。

ingredients

/ 蛋糕體 /

72g	T55 麵粉
3g	麵包酵母粉
1pinch	海鹽
3g	蜂蜜
20g	無鹽奶油
75g	新鮮雞蛋

/ 蘭姆酒糖漿 /

310ml	水
150g	細糖
1顆	八角
3g（1根）	肉桂粉（肉桂棒）
半根	香草莢
100ml	褐色蘭姆酒
適量	檸檬皮
適量	甜橙皮

/ 草莓鏡面 /

5T	草莓果醬
適量	水
1t	洋菜粉
1t	細糖

/ 橙花水香緹霜 /

200g	乳脂 35.1% 液態鮮奶油
80g	細糖
1t	有機橙花水
適量	新鮮水果

method

/ 製作蛋糕體 /

1. 在食物攪拌鍋裡放入麵粉、麵包酵母粉、海鹽、蜂蜜，使用麵團攪拌模式混合食材，再放入雞蛋以攪打模式持續攪拌直到麵團開始黏稠且表面光滑。

2. 放入室溫軟化且仍稍微保持硬度的奶油，繼續攪打麵團直到麵團不再沾黏鍋邊，呈現油亮光滑的狀態。

3. 將烤模塗上奶油，再將麵團放入烤模裡，麵團量要超過烤模一半的高度，接著蓋上乾淨且濕潤的布。靜置發酵 1 小時，麵團會發酵成原本的一倍大。

4. 烤箱以 180°C 預熱 10 分鐘，將已經發酵的麵團放入烤箱烘烤 20 分鐘。

/ 製作蘭姆酒糖漿 /

5. 在小鍋子裡放入所有的食材除了蘭姆酒之外，將糖水煮成糖漿後加入蘭姆酒持續煮約 2 分鐘。

/ 製作草莓鏡面 /

6. 鍋子裡放入草莓果醬和少量的水（水不用太多），將細糖與洋菜粉混合均勻後再放入鍋裡攪拌，煮滾，放涼。

/ 完成蘭姆酒芭芭蛋糕體 /

7. 蛋糕體放涼之後，不斷地將蘭姆酒糖漿往蛋糕體淋，蛋糕體會因為吸飽糖漿而膨脹，將吸飽糖漿的蛋糕體放在蛋糕網架上，再塗上草莓鏡面後放入冰箱冷藏備用。

/ 製作橙花水香緹霜 /

8. 事先將食物攪拌器的鋼鍋放置冷凍庫至少 1 小時，將非常冰的液體鮮奶油取出倒入冷凍過的鋼鍋裡，以低速攪拌加入少量的細糖，約 3 ～ 5 分鐘後切換成中速，持續加入剩下的細糖。

9. 再加入橙花水直到被攪打的液態鮮奶油紋路清晰且明顯，攪拌棒拿起來鮮奶油不滴落的狀態即完成。

/ 組合 /

10. 取出放在冰箱的蘭姆酒芭芭蛋糕體，擠上香緹霜再放上幾個新鮮水果切片，盛放在一個有點深度的盤子，再加入一些蘭姆酒糖漿即可享用。

Fraise au fromage frais

草莓鮮奶酪

隔壁奶奶吃草莓的方式總是讓我眼睛為之一亮，想吃草莓果醬就是早晨到後院的菜園裡摘下新鮮的草莓，將其壓碎後塗抹在已經抹上半鹽奶油的烤麵包上，她說這樣的果醬最是美味。白髮奶奶做奶酪的方式就是將新鮮草莓打碎直接做奶酪底層，倒扣後吃到的就是新鮮的草莓漿在奶酪上直直往下流，這個草莓鮮奶酪甜點就是我說的簡單味道卻美味無比的最佳代表。用當季的草莓帶點酸，我也不刻意加入太多糖來修飾，畢竟我希望吃到草莓整體的風味聞得到草莓香，因此，鮮奶酪甜度不高，濃郁的法式白乳酪 (Fromage blac)的選擇就顯得重要了，濃郁滑順的法式白乳酪能襯托草莓的香氣，減弱草莓的酸度，增加入口在喉嚨裡的滑順感。

ingredients

250g	整顆草莓
180g	草莓泥
200ml	鮮奶油
20g	香草糖
300g	法式白乳酪
16～20g‧約8片	吉利丁

method

1. 將草莓以流動水快速洗淨，取下蒂頭。留下幾顆完整的裝飾備用，再將剩下的草莓對切為二。

2. 草莓泥可以打很細，如果想要有點粗顆粒的口感，就不要打太細，我覺得也很棒。將鮮奶油和香草糖攪打成尚堤伊醬。

3. 取約100～150g的白乳酪以中小火加熱，加入事先以冷水泡軟且瀝乾水分的吉利丁，再和剩下的白乳酪混合，最後加入尚堤伊醬混合均勻。

4. 在玻璃杯裡先放進新鮮草莓泥，再將半顆草莓沿杯緣貼著圍成一圈，最後倒入尚堤伊醬。放入冰箱冷藏，品嘗前再倒扣或是不倒扣皆可，放上整顆草莓裝飾。

Chapter
年末節慶的甜點

越接近年末，迎接來的是一連串
的節慶，聖誕節、跨年、國王節、
光明節、油膩星期二都是年底的
節慶，幾乎可以從上一年的年底
吃到隔年的三月初，才能結束這
場為期好幾個月的甜點接力賽。

Tarte à gros bords
北方厚皮蛋派

早年法國北部的嘉年華會，每個家庭的媽媽奶奶都會準備蛋派慶祝。這個甜點需要使用大量的牛奶，北邊牧場的牛奶品質非常好，品質好到深受哈根達斯（Häagen-Dazs）的青睞，使用這邊的牛奶製作冰淇淋。因為牛奶品質好，讓北部的厚皮蛋派口感十分特殊，還能在派底鋪上黑李蜜餞，讓奶香中多一個能解膩帶點酸李香氣的口感。派皮的作法更是有別於一般的派皮，不同之處在於這款派皮的作法有經過發酵的步驟。這款蛋派經常會和巴黎蛋派(P.016)混為一談，不妨試做看看，吃吃看不同之處有哪些？

∙∙∙∙∙∙∙∙∙∙∙∙∙∙∙∙∙∙∙ ingredients

/ 奶餡 /

500ml	全脂牛奶
2顆	蛋黃
100g	細糖
20g	玉米澱粉
25g	低筋麵粉
100g	無鹽奶油

/ 奶油厚派皮 /

75ml	全脂牛奶
20g	麵包酵母粉
2顆	雞蛋
250g	低筋麵粉
25g	細糖
1/2t	海鹽
50g	無鹽奶油・室溫軟化

∙∙∙∙∙∙∙∙∙∙∙∙∙∙∙∙∙∙∙ method

/ 製作奶餡 /

1. 在鍋裡倒入牛奶，以小火煮滾。同時間，將蛋黃和糖混合攪拌，不用打成乳化狀（避免打至呈現淡白色），再加入玉米澱粉和麵粉後攪拌均勻。

2. 慢慢地加入煮滾的牛奶，一邊倒入一邊攪拌，趁熱攪拌直到奶餡變成厚重濃稠的狀態。將奶餡倒入調理碗後加入奶油攪拌均勻，在奶餡上覆蓋一層保鮮膜，放在室溫下冷卻。

/ 製作奶油厚派皮 /

3. 將牛奶以微波爐加熱約 20 分鐘後，加入麵包酵母粉。在食物攪拌機裡放入全蛋、麵粉、細糖、海鹽，最後是牛奶酵母菌液，慢速攪打 2 分鐘，再以中速攪打 5 分鐘。

4. 將奶油切塊狀後加入，持續保持中速攪打 5 分鐘，接著以高速攪打 5 分鐘，直到派皮不沾黏調理鋼盆形成麵團狀，若是麵團還有點黏這是正常的現象。

5. 蓋上一塊乾淨的布放置室溫下等待發酵 1 小時，派皮會逐漸膨脹鬆軟。

/ 烘烤 /

6. 烤箱以180°C預熱。工作平台撒上少量麵粉，將麵團桿平，桿成比烤模更大一些的尺寸，將派皮平放在烤模裡，整形服貼在烤模上，切去多餘的派皮邊，將烤模上方邊緣的派皮往內捲一圈。

7. 將放涼的奶餡攪拌後倒入烤模，6.切下的派皮邊再切成長條狀後放在奶餡上，以十字狀或是井字狀排列。

8. 將 1 顆雞蛋和幾滴牛奶（材料份量外）混合均勻，用刷子沾取蛋液塗抹在派皮上和邊緣。放入烤箱烘烤 25 ～ 26 分鐘，直到奶餡膨脹並且上色即可。出爐後放置室溫下冷卻 20 分鐘，再放入冰箱冷藏直到享用前取出。

Des beignets
貝涅餅

第一次吃到口感鬆軟的炸貝涅餅，當下心裡歡喜不已，它不似甜甜圈那般口感紮實，主要是加入打發的蛋白讓貝涅餅的口感變得輕盈，有點像是在吃雲朵。在法國也有其他形式的貝涅餅，薄如餅乾的，也有像台灣街頭賣的沾滿白砂糖的甜甜圈，有的會將巧克力漿擠入甜甜圈裡，也有的會將自家果醬擠入。橙花水產地的南法就會在麵糊裡加入橙花水、玫瑰水增加香氣，這款甜點是二月裡除了薄餅之外，家家戶戶一定會製作的美味小點心。

	ingredients
2顆	新鮮雞蛋
1T	細糖
5g	香草糖
120g	低筋麵粉
6g	無鋁泡打粉
150ml	全脂牛奶
1pinch	海鹽
1T	橙花水
1L	炸油
適量	糖霜

method

1. 在後院的雞舍里取出早晨母雞剛剛生下的新鮮雞蛋，將蛋白和蛋黃分開，蛋黃打在一個碗裡，再放入細糖和香草糖，用打蛋器將蛋黃糖攪打至呈現淡黃色。

2. 麵粉和泡打粉混合在一起，再過篩到另一個碗裡，在粉堆中間挖個洞後，加入 *1* 的蛋糖液，再加入海鹽混合均勻後，加入牛奶和橙花水再次攪拌混合，此時的麵糊呈現流動的液態狀。

3. 將蛋白放入一個乾淨且無油無水的鍋盆裡，加入少量的海鹽後，將蛋白打發成鳥嘴狀後，倒入 *2* 的麵糊裡攪拌混合。

4. 在乾淨的深鍋裡倒入炸油或是橄欖油，開火加熱，用湯匙舀起麵糊放入油鍋裡，炸至兩面呈現金黃色且膨脹後，撈起放在廚房紙巾上瀝油。

5. 用鋁箔紙蓋上炸好的貝涅餅保持熱度，撒上糖霜後溫熱著享用。

Mandarines au cognac
柑橘白蘭地

有一回傍晚遛完 Lucky，到隔壁的奶奶家坐坐，每次去她都會幫我倒杯「奶奶牌咖啡」，有一次，她問要加點柑橘白蘭地嗎？我詫異地問：「加在咖啡裡嗎？」她說：「冬天的時候，我們一般會在咖啡裡加入酒，喝咖啡的同時身體也能暖和起來」這是我第一次喝到咖啡裡加酒，也是第一次發現「柑橘白蘭地」的美味。

•••••••••••••••••• ingredients

4 顆	椪柑
1L	白蘭地

•••••••••••••••••••••••••••••••• method

1. 去除柑橘的外皮，並且清除柑橘果肉外側的白色薄膜。

2. 將 2L 的玻璃罐清洗乾淨備用。

3. 將白蘭地和柑橘放進玻璃罐裡，蓋起密封罐，放在陰涼處 24 小時。

4. 喝咖啡時，取出 1/4 塊柑橘和少量的柑橘白蘭地一起享用。

Paris-Brest
巴黎巴斯特

•••••••••••••••••••• ingredients

/ 泡芙皮 /

70ml	牛奶
50ml	水
45g	無鹽奶油·室溫軟化
5g	海鹽
5g	細糖
70g	低筋麵粉
2顆	雞蛋
60g	杏仁片

/ 奶霜 /

60g	細糖
30g	玉米粉
3顆	蛋黃
250ml	牛奶
30g	無鹽奶油

/ 帕尼內奶霜 /

120g	細糖
2顆	蛋黃
150g	無鹽奶油
45ml	水
適量	糖霜

•••••••••••••••••••••••••••• method

/ 製作泡芙皮 /

1. 烤箱以180°C預熱。烘焙紙上畫出圓形烤模一大一小圓圈。一只深鍋裡放入牛奶、水、奶油、海鹽和細糖一起煮滾。

2. 鍋子離火加入過篩過的麵粉，用木匙不斷攪拌直到麵糊不黏鍋邊為止。接著再繼續煮約1分鐘，一邊煮時要一邊不斷地快速拌動，這是為了將麵糊煮乾些，不再黏鍋底。

3. 鍋子離火，將雞蛋一顆一顆加入，請記得加入一顆蛋後要攪拌直到雞蛋與麵糊完全融合才再加入下一顆，以同樣方式將雞蛋與麵糊混合均勻。再將混合均勻的麵糊填入擠花袋裡，靜置約15分鐘。

4. 將麵糊在事先畫好大小模圓圈的烘焙紙上擠上兩圈，再擠一個小於剛剛大小的圓形麵糊圈。在兩圈的麵糊撒上杏仁片，接著塗上少量的牛奶，放入烤箱烘烤20分鐘，小圓圈烤15分鐘～20分鐘。

/ 製作奶霜 /

5. 將60g細糖、30g玉米粉和3顆蛋黃一起攪拌均勻，直到蛋糖液呈現淡白色為止。

6. 另一個鍋子倒入牛奶煮至小滾狀態，再慢慢加入蛋糖液裡，一邊攪拌一邊將煮滾的牛奶倒入直到變成濃稠的奶霜狀。靜置約15分鐘保持溫溫的狀態，再放入30g奶油攪拌均勻,蓋上保鮮膜放涼至少1小時。

/ 製作帕尼內奶霜 /

7. 在深鍋裡放入120g細糖和45ml水煮到105°C。另一個鍋子裡加入2顆蛋黃，慢慢地加入煮滾的糖水，一邊加入一邊使用電動攪拌器攪打，直到鍋子內的蛋黃糖水冷卻。

8. 加入150g室溫奶油(如果要製作巧克力口味，此時則要加入巧克力)，持續用電動攪拌器攪打至呈現光亮滑順的狀態，整體的奶霜變稠即可。

/ 製作慕斯林醬 /

9. 將300g的奶油帕尼內和150g(可以再多一些)的奶霜攪拌均勻後，填入擠花袋裡,放入冰箱冷藏約1小時。

/ 組合 /

10. 將大的圓圈泡芙橫面對切，變成兩個半圈。將慕斯林醬擠在對切的泡芙皮上，再放上小的泡芙圈，擠上剩下的慕斯林醬，放上另一半對切的泡芙皮，撒上糖霜即可。

Gaufre de liège de mémé
鄰居奶奶的列日弗餅

每年一月到二月的法國，生活總是忙碌，先是吃完國王餅，下個月就是吃薄餅，再來是炸貝涅餅，有些地區的飲食習慣還會吃列日弗餅，尤其是北邊的法國，更是人人都愛吃列日弗餅。以前，我以為列日弗餅是很多人口中的一般鬆餅，但是，北邊的弗餅更像餅，鬆脆又香，做好後可以放在餅乾盒裡保存，想吃的時候隨手拿一個。

---

ingredients

75g	糖霜
100ml	全脂牛奶
2顆	雞蛋
2T	乾燥酵母菌

· 新鮮酵母菌相對好吃，請用3g即可

370g	T54麵粉
1pinch	海鹽
125g	無鹽奶油
150g	結晶糖

method

1. 將糖、牛奶、事先打散的雞蛋與酵母菌放入大鍋裡，開火加熱到37℃，不要超過這個溫度，這個溫度微溫，手碰到不會燙傷。

2. 一次性地加入事先過篩的麵粉和海鹽，攪拌約6分鐘，在最後的1分鐘加入切成小塊的奶油，繼續不停地攪拌，直到麵粉奶油充分混合。

3. 蓋上一塊微濕的布放置約2小時，讓麵團變成兩倍大。工作台撒上麵粉，在麵團裡加入結晶糖再次混合之後，揉成小球狀。

4. 在鬆餅機塗上奶油(也可以不塗)，再放上麵團，將鬆餅機蓋上，烤熟上色即可。

Liang's tips ----------------------------------
也可以使用麵團機做混合處理，我是使用手動的方式。

Bûche de Noël
聖誕樹輪蛋糕

幾年前，奶奶的身體算康健時，每年的各
個節慶使用的甜點，她都會親自動手做，
當然也包括聖誕節必備的樹輪蛋糕。這
款蛋糕其實不算難做，以前法國人家的
媽媽奶奶一定會的這道甜點，算是必備
甜點手藝。最後工序的巧克力淋醬不像
現在市面上的樹輪蛋糕淋醬那麼整齊光
亮，但是奶奶媽媽做出來的蛋糕，口感
上就是不一樣，或許蛋糕體沒有那麼蓬
鬆，蛋糕的外觀也是簡單樸實，可是聖誕
節就是不能少了奶奶做的樹輪蛋糕，用
這一款蛋糕，享受全家人聚在一起的幸
福滋味。

•••••••••••••••••••• ingredients

/ 蛋糕體 /

50g	無鹽奶油
4顆	雞蛋
125g	細糖
100g	低筋麵粉
1T	香草糖
25g	可可粉

/ 糖漿 /

200ml	水
80g	細糖
50ml	蘭姆酒

/ 巧克力醬 /

200g	黑巧克力
200ml	液態鮮奶油
50g	無鹽奶油
1t	橙花水

•••••••••••••••••••••••••••••• method

1. 烤箱以 180°C 預熱。深鍋裝入一半份量的水煮至微滾。室溫軟化奶油。在調理碗裡混合雞蛋和糖，並且放在裝著滾水的鍋上，攪拌直到蛋糖液份量膨脹變多，離開滾水鍋，持續攪打蛋糖液直到冷卻為止。

2. 加入過篩的麵粉、香草糖和可可粉，最後加入融化奶油攪拌均勻。四方平烤模抹上奶油和麵粉，再將麵糊倒進烤模裡約 5mm 的厚度。

3. 放入烤箱烘烤 10 分鐘。準備一條微濕乾淨的布，將蛋糕體倒扣在布上，捲起直到冷卻。

4. 製作糖漿，在鍋裡放入水和糖，煮滾後加入蘭姆酒，離火放涼。

5. 製作巧克力醬，將巧克力敲碎放在大調理碗裡備用。先將 150ml 液態鮮奶油煮滾，放入奶油混合。將鮮奶油倒入裝有巧克力的鍋裡，讓巧克力慢慢融化於鮮奶油裡約 5 分鐘。加入橙花水，攪拌均勻直到巧克力醬呈現濃稠的狀態。若是巧克力醬太乾，再放入剩下的 20ml 鮮奶油(如果不足可以再加入)。

6. 蛋糕體冷卻後，慢慢地將蛋糕攤平，塗上糖漿，再塗上兩層巧克力醬，重新將蛋糕捲起，用保鮮膜包起放入冰箱約 1 小時。

7. 將剩下的巧克力醬塗抹在蛋糕表面上，再用叉子在蛋糕上畫出樹皮線條，加上裝飾即可。

Grand-mème's Tips ••

聖誕樹輪蛋糕要在享用前的 35 分鐘從冷藏室取出，會是最美味的狀態。蛋糕體烤好，最好用一塊乾淨又不要太濕的布將蛋糕捲起，這樣蛋糕才會一直保持濕潤不會過乾。奶奶會在享用前一天先做好蛋糕體，這樣可以有更多時間處理不同口味的內餡，當天才不會手忙腳亂。

Liang's tips ••

如果捲蛋糕的布乾掉，可以適當地噴少量的水，讓蛋糕能保持濕潤與鬆軟，鬆軟和濕潤的狀態會有助於捲蛋糕時不裂開，是很重要的關鍵。

巧克力醬裡的奶油也可以省略，如果不想吃過多奶油，但是這樣的巧克力醬會容易很快乾掉。因此最好的方式是準備一鍋溫水放在巧克力鍋下方，塗抹在蛋糕體時不至於巧克力醬乾掉很難抹開。我的經驗是要巧克力軟一些比較容易抹開，塗在蛋糕表面也是相同的處理方式。

尚未塗抹巧克力醬在蛋糕外觀時，一定要用保鮮膜將捲好的蛋糕包起來，兩邊開口捲緊放進冰箱，讓內餡冷卻後再拿出來塗抹外觀，這樣蛋糕裡的內餡才不會一直流出來，切片也會比較漂亮。

如果要製造木材的粗糙真實感，撕開保鮮膜塗上巧克力醬後，蛋糕捲前後可以不用切，相反的，若想要呈現漂亮又美的切面時，就先將蛋糕捲前後切下，放在蛋糕上方製造樹輪和逼真感，或是放置一旁呈現完美的切面，兩種方式都可以。

Fôret - Noire

白蘭地櫻桃黑森林蛋糕

•••••••••••••••••• ingredients

約250g 白蘭地櫻桃·作法 P.169

1片·100g 黑巧克力

/ 櫻桃酒糖漿 /

150ml 水

80g 細糖

100ml 浸泡櫻桃的酒

/ 巧克力戚風蛋糕體 /

4顆 雞蛋

125g 細糖

50g 無鹽奶油

100g 低筋麵粉

1t 香草粉

30g 可可粉

/ 尚堤伊醬 /

600ml 液態鮮奶油

60g 細糖

1根 香草莢

••••••••••••••••••••••••••••• method

/ 製作櫻桃酒糖漿 /

1. 在深鍋裡放入水和細糖煮滾，加入櫻桃酒後攪拌均勻，靜置放涼。

/ 製作巧克力戚風蛋糕 /

2. 烤箱以180°C預熱。在大鍋注入冷水煮滾，在另一個小鍋混合雞蛋和細糖，再放入滾水鍋上，此時鍋裡的水只要維持小滾動即可。

3. 使用打蛋器將蛋糖攪拌至膨脹的狀態，離開熱水鍋，繼續攪打蛋糖直到冷卻為止。室溫軟化奶油。

4. 在冷卻的蛋糖液裡慢慢加入過篩過的麵粉、香草粉和可可粉，攪拌均勻後，最後加入融化的奶油，再將麵糊和奶油攪拌均勻。

5. 烤模抹上奶油，倒入巧克力麵糊，稍微敲一下烤模後，放入烤箱烘烤約20分鐘。出爐後，倒扣在蛋糕架上。

/ 打發鮮奶油和刮巧克力片 /

6. 以有大孔的削皮刀，將巧克力片慢慢地刮下備用。在調理碗裡放入很冰很涼的鮮奶油，加入香草莢對切刮出的香草籽以及糖一起打發成尚堤伊醬。

/ 組合 /

7. 將冷卻的巧克力戚風蛋糕橫面切開，下層蛋糕塗上約一半份量的糖漿，再抹上打發的尚緹伊醬，接著將櫻桃切開去籽後，放上果肉。

8. 另外一半的巧克力戚風塗上糖漿，再放上下層的蛋糕體上，最後將剩下的尚堤伊醬塗在蛋糕頂端與四周，放上巧克力片和櫻桃後，放入冰箱冷藏約1小時即可享用。

Grand-mème's Tips •••

戚風蛋糕製作和切蛋糕的步驟可以在前一天晚上做好，隔天就可以很流暢地做其它步驟。

如果不喜歡有酒味的櫻桃，那麼可以將櫻桃事先在糖漿裡煮過就可以拿來做蛋糕了，或是可以一次煮很多糖漬櫻桃後，再放入玻璃罐裡存放，糖漿可以泡茶喝，或是做其他甜點繼續使用。水果糖漿煮法在水蜜桃糖漿 (P.174) 裡有教，但是水蜜桃糖漿裡有放香草莢，櫻桃糖漿裡則不放，用3大匙的藍莓糖漿取代香草莢。想要成功地做出好吃的巧克力戚風蛋糕，在加入麵粉和可可粉時，千萬不要在蛋糖液膨脹的時候加入，一定要等到蛋糖液放涼之後再加入。

Liang's tips ••

戚風蛋糕烤好出爐一定要馬上將蛋糕扣出放涼。如果一時之間無法將蛋糕吃完，蛋糕會越放越乾，塗上糖漿的好處則是避免蛋糕放置兩三天後口感過乾的情況。打發尚堤伊醬之前，先將打蛋器與鋼鍋放入冰箱，要開始製作時再從冰箱取出倒入液態鮮奶油打發會很容易成功。

Suzette crêpes
橙酒干邑白蘭地煮薄餅

奶奶說：「不用干邑橙酒，用柑橘白蘭地來做也可以，柑橘香更濃厚」在二月光明節吃了許多薄餅後，就會用一部分的薄餅來做煮薄餅，享用煮薄餅的同時，也能飲用柑橘白蘭地(P.110)。

------------------------------ ingredients

/ 薄餅麵糊 /

250g	低筋麵粉
1pinch	海鹽
1T	細糖
2包 · 14g	香草糖
3顆	雞蛋
500ml	全脂牛奶
適量	花生油

/ 柑橘糖漿 /

2顆	黃檸檬
2顆	甜橙
125g	無鹽奶油
120g	細糖
2T	干邑橙酒 Grand Marier

------------------------------ method

1. 將麵粉放入大的調理碗裡，加入海鹽、細糖和香草糖。將雞蛋打入一個碗裡打散均勻後加入麵粉碗裡攪拌，接著倒入牛奶攪拌均勻融入麵糊為止。

2. 在平底鍋倒入少量的花生油，使用一塊乾淨的布或是廚房紙巾將油抹勻鍋底和四周，舀起一大匙麵糊放進鍋裡，快速地轉動鍋子讓麵糊均勻地散布在鍋裡，直到鍋邊的餅翹起後，翻面煎1分鐘後起鍋，依序將剩下的麵糊照相同方式完成。

3. 製作柑橘糖漿，將所有的柑橘刨皮和榨汁備用。將奶油切成小塊狀備用。先將細糖放入平底鍋裡，開小火，接著放入奶油，讓奶油和糖慢慢地融化，直到成為焦糖。再慢慢地加入柑橘汁和柑橘碎皮，煮滾後再持續煮5分鐘，離火。

4. 加入干邑橙酒，點火，熄火後將薄餅摺成四分之一放入糖漿裡，快速地沾取橙酒干邑糖漿取出，即可趁著溫熱享用。

Grand-méme's Tips ------------------------------
做橙酒薄餅時，一定要大方地將薄餅沾取大量的糖漿。若是只有兩人享用，不妨將糖漿再煮得更稠一些。

當薄餅所剩無幾與沒有過多糖漿時，奶奶們會將薄餅切成一段段的，切好的薄餅放在小盤上，接著淋上香草蘭姆酒和剩下的糖漿，隔天加熱幾分鐘，小朋友就吃得很開心。

Souffle grand marnier
橙香干邑甜酒舒芙蕾

法國人到底有多愛柑橘香呢？從甜點裡經常出現的橙花水、柑橘酒、柑橘皮就能知道他們對柑橘的熱愛程度了。這道如天上雲朵般的甜點，沒吃過無法體會我形容的口感，入口猶如輕飄飄的雲在嘴裡飄動，又像空氣一般，似存在但又感覺不存在般地化在舌尖上，但那一縷柑橘香的縈繞證明它是存在的。記得要搭配柑橘白蘭地(P.110)，這場柑橘甜點饗宴才算畫上完美的句點。

------------------------------ ingredients

1顆	甜橙
4顆	蛋黃
3～4T	細糖
6顆	蛋白
5T	香橙干邑酒

------------------------------ method

1. 烤箱以220°C預熱。將甜橙放在溫水裡刷洗，洗淨後，瀝乾表面的水份，再刨下甜橙皮。將蛋黃和 2 大匙的細糖均勻混合至蛋黃糖呈現淡黃色。

2. 在食物攪拌盆裡放入蛋白和1/2大匙的細糖，將蛋白打發後再加入 1 大匙細糖，與磨碎橙皮攪拌均勻後，利用矽膠攪拌匙拌入 *1.* 的蛋黃糖裡，輕輕地攪拌同時注意不要讓蛋白消泡，再加入香橙干邑酒。

3. 從底層順著直徑 12cm 烤模邊往烤模邊緣上刷上奶油，再撒上細糖。將內餡填入烤模裡，放入烤箱烘烤 10 分鐘，出爐後趁熱享用。

Chapter.5
經典品味的甜點

法國人不論男女老少都愛吃甜食，
尤其外觀好看又好吃的甜食更是
無法錯過。這個章節介紹的甜點，
在鄉村的法國人家庭裡經常做，也
是奶奶們的傳統甜點。離不開老
人家的餐桌生活，因為老人家的傳
統回憶都藏在這些甜點裡，這些
甜點也代表著過去的青春，傳承的
未來。

Brioche
布里歐須麵包

村莊裡的養牛農場有個小商店，販賣自家的乳製商品之外，也賣厚皮蛋派，還有鄉村特有的奶油蛋糕(巴黎人稱它蛋糕)，但北邊的法國人稱它奶油麵包。 在法國北部，這款麵包會加入用酒泡過的葡萄乾或是巧克力豆，吃起來的口感和巴黎的很不同，偏乾燥，奶油味也比較少，這是因為北邊人會在早晨喝咖啡或熱巧克力時，將奶油麵包撕下來沾取著吃。

•••••••••••••••••••• ingredients

11g	酵母粉
適量	全脂牛奶
300g	無鹽奶油
280g	低筋麵粉
30g	細糖
6g	海鹽
4顆	新鮮雞蛋
1t	橙花水

•••••••••••••••••••••••••••••••••••••• method

1.　將牛奶和酵母粉混合攪拌備用。奶油切成小塊。在食物調理機的鋼盆放入麵粉、細糖和海鹽，以低速攪拌所有的食材，隨後加入牛奶酵母液。

2.　將雞蛋打散後慢慢地加入麵團裡，再調成中速，攪拌直到麵團不再沾黏為止。調成低速，放入切成小塊的奶油之後，再將速度調成中速，攪打到麵團不再沾黏鋼盆。

3.　將麵團整成10個小圓球，蓋上一塊乾淨的布，靜置12個小時。再次將麵團整形，此時加入橙花水，整形完後，烤箱溫度設定在 30°C，將麵團放入發酵 5分鐘。

4.　再將烤箱溫度設定 165°C 烘烤 20分鐘。趁著麵包溫溫的時候切片，若是加入的奶油量不足時，在品嘗的時候可以抹上半鹽奶油一塊享用。

Quatre-quarts
四分之一蛋糕

------------------------------ ingredients

150g	半鹽奶油

· 半鹽奶油法文 Beurre demi-salé

3顆	新鮮雞蛋
150g	細糖
1t	香草精
1瓶蓋 · 酒瓶的瓶蓋	蘭姆酒
150g	低筋麵粉
2g	泡打粉

------------------------------ method

1. 將奶油放入小鍋裡，以小火加熱融化。烤箱以 150°C 預熱。雞蛋打進調理碗裡，加入細糖和香草精，攪拌約 5 分鐘直到變稠為止。

2. 慢慢地一邊加入融化的奶油一邊充分地攪拌均勻。接著加入蘭姆酒、過篩過的麵粉和泡打粉，請務必一邊慢慢加一邊攪拌均勻後再分次加入。

3. 烤模塗上奶油，再撒上細糖，倒入麵糊約烤模一半的高度，放入烤箱烘烤約 40 分鐘，依照烤模大小不同調整烘烤時間。

4. 最後幾分鐘前用刀子插入蛋糕，刀尖乾燥表示蛋糕烘烤熟了，如果還有麵糊就持續烤至熟成為止。取出蛋糕，放涼約 5 分鐘，再將蛋糕脫膜放在網架上直到完全冷卻為止。

Grand-mémé's Tips ------------------------------

這個蛋糕最好在品嘗前一天製作，千萬別放進冰箱冷藏，以鐵製密封罐裡保存。測試蛋糕烤熟的方式就只要將刀子或是細長的尖物插入蛋糕，只要刀尖是乾的就是已經完成了。

夏天的時候，奶奶替自己小孫子做這款蛋糕，會用中空的烤模製作，烤好的蛋糕中間會放上許多水果。秋天的時候，就會用圓形的烤模，烤好後再橫切成對半，塗上每年從果園採回來的果子製作的美味果醬在蛋糕上，這真是非常吸引人又完美的甜點。

Crème
renversée
au caramel
倒扣焦糖布丁

●●●●●●●●●●●●●●●●●●●● ingredients

100g	蔗糖
1根	香草莢
600ml	全脂牛奶
80g	細糖
4顆	雞蛋

●●●●●●●●●●●●●●●●●●●●●●●●●●●●●● method

1. 將蔗糖放入小鍋裡，加入少量的水，以中火將糖煮至融化並不斷地晃動鍋子讓溫度能在糖裡平均散熱，但是千萬別用湯匙或是任何攪拌匙攪拌，直到呈現紅光色。

2. 將糖漿倒入烤模裡，並不斷的將烤模往四邊傾斜，讓烤模邊緣都能平均覆蓋上糖漿。

3. 將香草莢對切利用刀尖將香草籽取出，在鍋裡倒入牛奶並將香草莢和香草籽放入一起煮，再加入細糖，讓糖與香草莢留置在鍋裡5分鐘，接著取出香草莢。

4. 烤箱以120°C預熱。將蛋打入一個深碗裡，用力將雞蛋攪打均勻，先加入少量3.的香草糖牛奶，攪拌均勻，再倒入剩下的香草糖牛奶，一邊攪拌一邊加入。

5. 將牛奶液倒入烤模裡，蓋上鋁箔紙，放進一個有點深度的大烤盤，將烤盤放進烤箱的上層，再將裝有奶液的烤模放進大烤盤裡，在大烤盤注入大約一半高度的熱水。

6. 烘烤約35～40分鐘，要注意大烤盤裡的水不能烤至滾動的狀態，用手指頭觸摸有輕微顫動的感覺，請務必放在室溫冷卻，再移至冰箱冷藏3小時。品嘗時再將布丁倒扣在盤子上，冷涼的享用。

Grand-mème's Tips ●●

千萬不要用木匙攪拌糖漿，此時的糖溫度很高，很容易沾黏、不易掉落，而且不小心會燙傷。只要不斷的晃動鍋子讓煮融化的糖漿容易流到鍋邊，讓未融化的糖這時候會因為糖漿的高溫而融化。

不要將糖漿倒入太滿在烤模裡，另外，烤布丁時，千萬要記得蓋上一張鋁箔紙將大烤模和裝有奶液的小烤模一起包起來，是為了不讓水滾了，這樣才會烤出質感平滑的布丁。

倒扣焦糖布丁也可以在前一天做好，也可以做在大烤模上或是陶瓷模，預計烤45分鐘～1小時。

Liang's tips ●●

奶奶的這個作法的倒扣布丁非常柔軟滑順，作法裡提到的用手觸摸會有點顫抖感，會讓人有還沒有烤好的錯覺，千萬別因此再送進烤箱烤，以避免過熟。出爐後只要放在室溫冷卻定型就可以了，再移進冰箱。奶奶的倒扣布丁是我吃過最軟嫩、滑溜、好吃的布丁，請一定要試試，絕對不會失望。

Madeleine à l'orange rustique
鄉村橙花香瑪德蓮

第一次吃到橙花瑪德蓮是在南法種植苦橙的老爺爺老奶奶家裡，老爺爺老奶奶會將自家栽種的苦橙花摘取下來蒸餾成「橙花水」，奶奶將橙花水加入瑪德蓮裡，猶如萬花在嘴裡盛開。若將瑪德蓮麵糊倒在平盤上烤，也可以直接用來製作果醬捲蛋糕(P.154)。

ingredients

125g	無鹽奶油
3顆	方糖(蔗糖)
1顆	甜橙
3顆	雞蛋
110g	細糖
1包・7g	香草糖
20g	蜂蜜
1pinch	海鹽
150g	低筋麵粉
5g	泡打粉

method

1. 製作前從冰箱取出奶油，切成小塊，放在室溫軟化。將方糖塊和甜橙皮搓揉混合，糖要搓成細糖狀，再將雞蛋、細糖、甜橙糖和香草糖混合，加入蜂蜜、海鹽，攪拌成白色，並且略微膨脹。

2. 加入麵粉和泡打粉，接著加入奶油，攪拌直到麵糊成濃稠狀，放入冰箱冷藏1小時，最好可以放置一個晚上。

3. 烤箱以230°C預熱，奶油塗抹在烤盤上，放入1大匙的麵糊，不要將麵糊攤平。烤箱溫度降至200°C，烘烤5分鐘。

4. 再降低溫度至180°C，繼續烘烤5分鐘，這時的瑪德蓮應該會開始凸起小肚子且上了漂亮的顏色。出爐，放在網架上冷卻即可。

Grand-mème's Tips

讓瑪德蓮凸起小肚子的關鍵秘密在「麵糊」，麵糊一定要放入冰箱，讓麵糊冷卻，等待烤箱的溫度很高時，再開始填麵糊進烤模。奶奶會在麵糊裡加入1大匙的橙花水(奶奶說這是真正屬於瑪德蓮的香味)。我的奶奶以前常常為了要討我開心，會加一點巧克力塊在瑪德蓮的肚臍上，你也可以試著這樣做看看。

Gâteau
au yaourt
優格蛋糕

優格蛋糕的作法很有趣，是以我們手邊的優格杯做為量杯，以優格杯量需要的麵粉、糖等材料，這個方法很適合沒有磅秤和量杯工具的時候製作，也是鄉村日常的一種生活智慧。這是我小時候記憶裡的蛋糕，非常柔軟，非常好吃。那時候，我經常爬上家中的高椅子上，用我早餐剛吃完的優格杯來量好所有的食材，為了製作這個美味的蛋糕。

-------------------- ingredients

1顆	甜橙
20g	細糖
適量	無鹽奶油
3杯	低筋麵粉
1杯	原味優格
3.5g	泡打粉
3顆	雞蛋
1杯	花生油或葵花油
7.5g	香草糖

-------------------- method

1. 烤箱以 180°C 預熱。甜橙刨成碎皮和細糖混合，製成甜橙糖，放置 5 分鐘。蛋糕烤模抹上奶油，撒上少量麵粉，再將多餘的麵粉從烤模上敲下。

2. 優格放入大的調理碗裡，接著放入甜橙糖混合均勻，再放入過篩的麵粉和泡打粉，攪拌至優格和麵粉完全混合均勻。

3. 將雞蛋打入一個碗裡，加入花生油、香草糖混合均勻後，倒入優格麵糊裡，攪拌麵糊直到形成黏稠的狀態。

4. 將麵糊倒入烤模，再放入烤箱烘烤 60 分鐘。依照烤模大小調整烘烤時間，不是每個尺寸的蛋糕都得烤 1 小時。出爐前 20 分鐘，用刀子插入蛋糕裡，刀尖是乾的表示蛋糕即將可以出爐。出爐，放涼後可以淋上英式香草奶醬 (P.041) 一起享用。

Grand-mème's Tips --

可以使用這個優格蛋糕來製作簡易型蘭姆芭芭蛋糕(P.096)，就是蛋糕出爐後，另外製作甜橙糖漿，趁蛋糕溫熱時淋上，讓蛋糕浸泡在甜橙糖漿裡，當然也可以直接用蘭姆酒來淋優格蛋糕。

Marbré
大理石蛋糕

法國人兒時記憶中的甜點有許多，這些甜點也都藉由法國知名 chef 的再次改造創作發表後，引發許多人在腦海深處裡的記憶。其中大理石蛋糕就是被 Chef 們利用再度重新創作的甜點其一。早年，奶奶們只為了滿足兒孫可以同時吃到巧克力蛋糕和香草風味的蛋糕而產生的甜點，的確造成小朋友的熱愛，風行至今。

•••••••••••••••• ingredients

3顆	雞蛋
1/4顆	檸檬汁
150g	細糖
125g	無鹽奶油・室溫軟化
125g	低筋麵粉
1/2包・5g	泡打粉
1t（1根）	香草精(香草莢)
30g	無糖可可粉

•••••••••••••••• method

1. 烤箱以180°C預熱。烤模塗上適量的奶油。將雞蛋分開蛋黃和蛋白。蛋白加入檸檬汁後打發，靜置備用。

2. 將細糖和奶油放進調理碗裡，以電動打蛋器打至略成淡白的狀態，再將蛋黃一顆顆放入，一邊放入一邊攪拌。

3. 分次放入過篩過的麵粉和泡打粉，將麵糊充分攪拌均勻，再加入*1*的蛋白攪拌混合成軟度適中的麵糊。

4. 將攪拌好的麵糊分成兩鍋，一鍋加入香草精後攪拌均勻，另一鍋加入可可粉攪拌均勻。

5. 將香草麵糊一半的份量倒入烤模，再倒入所有巧克力麵糊，最後倒入剩下的香草麵糊。

6. 用刀子在麵糊上面劃一劃，放入烤箱烘烤約35分鐘，出爐放涼30分鐘後就可以切片享用了。

Grand-mème's Tips ••••••••••••••••

千萬不要放太多的可可粉，否則巧克力麵糊會很容易晃動和香草麵糊混在一起，尤其在倒入烤模時。另外香草麵糊不要過度攪拌。想要有漂亮的蛋糕圖案一定要事先想好烤模圖形的搭配，像是長型烤模適合任何圖案，但也更適合模糊不清的圖案，小烤模很適合圓形圖或是連續圖案，垂直的也很不錯。

大理石蛋糕可以在品嘗兩天前做好，放在密封的罐子裡保存喔！這樣一來想要吃的時候就不會手忙腳亂了。

Liang's tips ••••••••••••••••

關於奶油，奶奶的作法是使用室溫奶油，就是將奶油放在室溫下軟化，直到手指頭輕壓奶油很容易有指痕的狀態，使用這樣的奶油做麵糊需要用些力量攪拌，狀態比較像是結實些的奶霜，儘管如此烤出來的蛋糕卻是非常的美味。如果無法掌握室溫奶油的軟度，那麼可以這樣做，將奶油放入小鍋，以小火加熱，奶油有軟化就離火，靜置冷卻後就可以使用了。

做好的蛋糕可以淋上巧克力淋醬，用一塊約150g的黑巧克力和150ml的液態鮮奶油，液態鮮奶油加熱到鍋邊起小泡泡後，將巧克力切碎加入，蓋上蓋子等待3分鐘攪拌均勻就完成了。

若想要讓這款蛋糕得到更美的外觀，可以另外製作巧克力淋醬放入榛果碎，再淋在蛋糕表面上，能增加這款蛋糕有著別於傳統的風味。

Citron Menton givres
芒通檸檬冰花

尼斯郊區的一對老夫妻，邀請我去作客，那年的南法正逢酷夏缺水。當我落座在他們家的庭院，老先生拿來一顆檸檬，正當我心裡想著給我一顆檸檬做什麼呢？一打開檸檬蓋裡面是一片純白色，嘗了一口，我的眼睛馬上睜大：「這是什麼？超好吃！」他說：「檸檬冰花」這道甜點超越了我對冰品的想像，尤其加了盛產的芒通檸檬，美味更上一層樓。完全跳脫我對冰品的認知，這道冰品想在法國餐館品嘗到真的實屬不易啊，在法國目前為止我記得只見過一次，還是一位法國知名 Chef 公開製作，之後再也見不到這個特殊冰品的蹤跡。

ingredients	
4 顆	芒通檸檬
2 顆	蛋白
4T	細糖

method

1. 將檸檬的外皮洗乾淨，將頂端切下，留著當帽蓋使用（若檸檬底不平整也可以稍微切平以利檸檬站立）。

2. 用小湯匙挖出檸檬果肉，再將檸檬空殼與帽蓋一起放入冷凍庫。檸檬汁過濾，若有果肉也一併取出備用。

3. 使用電動打蛋器以低速打發蛋白，產生泡泡時加入 1 大匙的細糖再持續打發，當蛋白的狀態變得結實、顏色開始轉白色，慢慢地加入剩下的 3 大匙細糖直到蛋白糖打發為止。

4. 慢慢地加入檸檬汁一邊持續打發，此時的蛋白糖霜會開始變得稀釋些。將蛋白檸檬糖霜倒入製冰機裡，讓製冰機將剛剛的糖霜打成冰霜。

5. 將冰霜裝入放在冷凍庫裡備用的檸檬空殼，繼續放回冷凍庫，享用時再取出。

Grand-mème's Tips

挖取檸檬果肉要小心，千萬不要把外殼挖破了。這道冰品很適合夏天給小朋友吃，放在檸檬空殼內，好看又好吃。除了檸檬，也可以使用甜橙或是葡萄柚製作，是一個健康且自然的冰品。

如果沒有製冰機的作法，將打發好的檸檬冰霜倒入一個烤盤，放入冷凍庫 3 小時，每 1 小時拿出來刮一刮，刮完三次，冰霜即完成。

Glace à la fraise de la ferme
牧場鮮奶油草莓冰淇淋

有天，我去買鮮奶油時，聽到一位客人向牧場的女主人詢問「草莓冰淇淋」的作法，在一旁的我，聽得躍躍欲試，當下決定買鮮奶油回家做。做好的隔天，正好那年夏天十分酷熱，我拿出放在冷凍庫的草莓冰淇淋，一入口鮮奶油香草冰淇淋立即融化在舌尖，乳香味加上草莓香，怎麼會有冰淇淋這麼好吃呢？

ingredients	
250g	新鮮草莓
125g	細糖
10ml	水
250ml	牧場鮮奶油

method

1. 去掉草莓的綠色蒂頭，在流動的水下將草莓清洗乾淨，水份完全瀝乾。小鍋裡放入水和糖煮成糖水後放涼備用。

2. 使用叉子將草莓壓碎，盡可能地保留一些草莓果粒。

3. 在地牧場的鮮奶油大多為濃縮鮮奶油，質地濃稠。
    ・使用冰淇淋機
    將鮮奶油、草莓碎和糖水倒入冰淇淋機裡，啟動冰淇淋機直到食材混合成冰淇淋狀態，盛放在冰淇淋盒中，放在冷凍庫至少 2 小時後即可享用。
    ・無冰淇淋機
    用一個調理碗將鮮奶油、草莓碎和糖水攪拌混合後放入漂亮的冰淇淋盒裡，放到冷凍庫，每小時用叉子將冰淇淋刮鬆混合，重複此步驟約 4 次，草莓冰淇淋即完成。

Liang's tips

此作法的水果可以更換成自己喜歡的水果，糖份可以依照個人喜好增多減少。個人作法是將糖減為 100g，在享用冰淇淋時淋上紅酒草莓果醬更加美味。

Biscuit roulé à la confiture
果醬蛋糕捲

奶奶們經常使用這個甜點來消化自家做的果醬，除了可以用戚風蛋糕的作法，也可以用瑪德蓮蛋糕體的作法。這是一款好看又經濟實惠的蛋糕，更是經典的鄉村甜點。

---------------------------------- ingredients

50g	無鹽奶油
4顆	雞蛋
125g	細糖
125g	低筋麵粉
1包‧7g	香草糖
適量	果醬
適量	糖霜

---------------------------------- method

1. 烤箱以180°C預熱。深鍋裝入一半的水煮至微滾。室溫軟化奶油。在調理碗裡混合雞蛋和細糖，並且放置在滾水鍋上，攪拌直到蛋糖液份量膨脹變多，離開滾水鍋，持續攪拌蛋糖液直到冷卻為止。

2. 加入過篩過的麵粉、香草糖，最後加入融化奶油攪拌混合均勻。四方平烤模抹上奶油，撒上麵粉，再倒入麵糊約 5mm 的厚度，放進烤箱烘烤 10 分鐘，直到蛋糕體表面有上點色。

3. 準備一條微濕乾淨的布，將蛋糕體倒扣在布上，捲起直到冷卻。攤開蛋糕，均勻地在蛋糕體塗上果醬，慢慢地再將蛋糕捲起，享用前再撒上糖霜即可。

Grand-mème's Tips ----------------------------------

一定要看準烤箱烤蛋糕的時間，即使多一兩分鐘都是過熟，會讓蛋糕體過乾，捲起來會有點困難。當蛋糕出爐後，善用乾淨的布來捲蛋糕，這樣捲起來，一直到最後塗好果醬再度捲起蛋糕都會很好捲。

注意不可以使用太過稀的果醬來塗蛋糕喔！如果喜歡酒香的話，可以事先在果醬裡加入少量的蘭姆酒和烤過的杏仁片。

Gâteau moka
摩卡蛋糕

每天遛狗後的必經路徑就是隔壁奶奶家，
我總會帶著 Lucky 進去喝杯咖啡，聊聊
天，Lucky 也趁此跟奶奶家的母狗獻出
牠迷人的雙臀和俊俏的臉龐。奶奶有時
候興起會說：「我今天下午要做摩卡蛋糕」
我問：「什麼是摩卡蛋糕呢？」她說：「就
是蛋糕裡有摩卡咖啡奶油香，我家的兒子
很喜歡我做的這道蛋糕，妳下午來喝咖
啡吃一塊蛋糕可好？」我答應了她，因
為奶奶說她的摩卡蛋糕食譜已經做了 10
年之久，我真的很好奇到底是什麼味道
的一道蛋糕。

ingredients	
/ 蛋糕體 /	
120g	低筋麵粉
30g	玉米粉
7g	泡打粉
5顆	新鮮雞蛋
150g	細糖
/ 咖啡奶霜 /	
a. 義大利蛋白霜	
20ml	水
63g	細糖
35g	蛋白
b. 奶油霜	
3顆	蛋黃
120g	細糖
50ml	水
180g	奶油·室溫軟化
1T	即溶咖啡粉
	· 或是 1/2 杯 espresso
c. 糖漿	
15ml	水
70g	細糖
少許(半根)	香草精(香草莢)
/ 裝飾用 /	
100g	杏仁片
	· 在平底鍋上烘烤約10分鐘

method

1. 將水和細糖放入小鍋裡，煮滾後，離火加入香草精，放涼備用。

/ 製作蛋糕體 /

2. 烤箱以 180°C 預熱。將玉米粉、麵粉和泡打粉攪拌後過篩備用。在另一個調理碗裡放入蛋黃和 50g 的細糖，使用電動打蛋器將蛋黃糖打至呈現濃稠的淡黃色。

3. 在另一個調理碗裡放入蛋白，將蛋白打發，在蛋白略發時，慢慢地多次加入剩下的細糖，並持續打發直到蛋白霜形成堅挺狀。

4. 將打發的蛋白霜分次加入 *2.* 的蛋黃糖裡攪拌均勻，再加入 *2.* 過篩後的粉類，攪拌直到食材完全混合均勻。

5. 在烤模四周塗上奶油並撒上少許麵粉，倒入麵糊，送進烤箱烘烤 20 分鐘，直到蛋糕體膨脹烤熟後取出放涼。

/ 製作義大利蛋白霜 /

6. 在小鍋子放入水和 50g 的細糖加熱，煮滾至 118°C。當糖漿在 114°C 時，在另一個鍋裡放入蛋白打發，放入 13g 的細糖持續打發至堅挺的蛋白霜程度。

7. 一邊加入滾燙的糖漿，將打蛋器調成中速持續打發蛋白霜，打至蛋白霜在鍋裡的紋路呈現固定且光滑的質地，約 10 分鐘，靜置備用。

/ 製作奶油霜 /

8. 將蛋黃放入鍋裡，使用電動打蛋器快速地攪拌混合。在另一個小鍋裡放入細糖和水，煮滾至 118°C，將糖漿慢慢地加入蛋黃裡，一邊攪拌一邊加入，直到呈現淡黃色濃稠不易流動的狀態。

9. 將放在室溫的奶油利用打蛋器攪拌成濃稠狀。將義大利蛋白霜一邊倒入 *8.* 混合均勻，靜置等待冷卻。

10. 再將奶油一邊加入，持續地攪拌直到奶油和蛋白霜充分地混合在一起，接著加入濃縮咖啡再度攪拌約 1 分鐘，奶油霜即完成。

/ 組合 /

11. 將蛋糕體橫切為二，每塊蛋糕都塗上糖漿，讓蛋糕體保持濕潤的狀態。再將咖啡奶油霜塗抹在蛋糕上，蓋上另一塊蛋糕。

12. 將蛋糕表面塗上剩下的咖啡奶油霜，最後在蛋糕周圍撒上烘烤過的杏仁片即完成。放進冰箱冷藏至少 1 小時後再享用。

Liang's tips

蛋白霜可用法式或是瑞法式，但是義大利蛋白霜的口感較為輕盈且爽口，可以依照喜好改變。蛋糕體也可以加入榛果粉或是杏仁粉來增加蛋糕的堅果香氣。

Puits a'amour à l'ancienne

老式愛之井

愛之井，有著如此撩人的名字，外型很
豐滿的一道甜點，由千層派皮製成，上
面覆蓋香草籽或果仁糖糕點奶油，然後
進行焦糖處理。這種蛋糕有兩種版本：
一種是傳統的，屬於酥皮糕點，另一種
是更常見的，就是用泡芙皮來做支撐甜
點奶餡的底座。不論使用哪一種派皮，
烘烤過後，將甜點奶霜放在中間，撒上
細糖並用烤箱或是打火槍將細糖焦糖化。
這種糕點從 18 世紀上半葉開始就存在於
法蘭西島。在最初的版本中，醋栗果凍
或果醬填入千層酥皮中間的洞口。這個
食譜經歷 1930 年代的演變，現在大多數
甜點師用糕點奶油代替果凍。櫻桃產季
時，隔壁奶奶會邀請我去他家後院摘櫻
桃，然後我們會找時間一起做這個老式
的甜點，我總覺得干邑甜橙香酒跟櫻桃
的結合又是另一種我自認為的法國老式
情懷浪漫的味道，除了蘭姆酒跟橙花水
之外的另一種老法式的優雅。

······················· ingredients

/ 塔皮 /

12 片	市售酥皮
1 顆	蛋黃
1T	牛奶

/ 櫻桃糊內餡 /

300g	去籽櫻桃
2T	干邑甜橙香酒
30g	紅蔗糖
1/2 t	果膠粉或洋菜粉

/ 甜點奶霜餡 /

175g	全脂牛奶
1/4 根	香草莢 · 對切將香草籽刮出
2 顆	蛋黃
40g	細糖
15g	玉米澱粉
15g	無鹽奶油
適量	紅蔗糖

······················· method

/ 製作塔皮 /

1. 烤箱事先以 200°C 預熱。將市售的酥皮平放在工作檯上，以一大一小的杯子或是圓形的鋼模，利用杯口或是圓形模將酥皮壓出大的圓形狀，接著再取小的杯子或是圓的鋼模在剛剛壓出來的圓形狀酥皮中間壓出小圓型狀，此時的酥皮呈現鏤空狀。

2. 將蛋黃混合牛奶，取刷子沾取後，在大的圓形酥皮塗上牛奶蛋黃液，再將有鏤空的圓酥皮貼放在有抹牛奶蛋黃液的酥皮上。12 張酥皮可以做出 6 份，中空的酥皮塔，法文稱之 Vol-au-vent（風在飛翔）。

3. 將貼好的 Vol-au-vent 以烤箱烤約 20 分鐘，從烤箱取出時，將因為烘烤過後鼓起來的塔皮用刀子戳破（請小心不要將底部戳破了）。若是使用泡芙，則是將泡芙烤好後，放在一個小塔裡將它壓扁外型略有塔模的外貌，能盛裝內餡即可。

/ 製作櫻桃糊內餡 /

4. 在深鍋裡放入去籽後的櫻桃，再加入干邑甜橙香酒煮 15 分鐘，接著加入紅蔗糖再煮 15 分鐘，最後加入果膠粉，煮滾 1 分鐘熄火，放涼即可。

/ 製作甜點奶霜餡 /

5. 小鍋子裡將牛奶和香草籽放入一起煮至小滾。另一個小碗，打入蛋黃和糖攪拌成淡黃色，加入玉米澱粉再次混合均勻。

6. 將煮微滾的香草牛奶倒入蛋黃糖裡快速攪拌，再倒回小鍋子裡，回到火爐上，繼續攪拌至奶餡變稠，放在一旁放涼。奶霜餡放涼後加入奶油，再度攪拌混合即可。

/ 組合 /

7. 取少量的櫻桃內餡填入中空的 Vol-au-vent（風在飛翔），接著填入甜點奶霜，頂端撒上紅蔗糖，使用噴槍將蔗糖噴焦糖色即完成。若是使用泡芙皮，先放上櫻桃內餡，再將甜點奶霜覆蓋在上面，撒上紅蔗糖，使用噴槍將蔗糖噴成焦糖色即可。若是沒有噴槍送進烤箱放在烤箱最上層將蔗糖微烤過即可。

Liang's tips ··

市售酥皮可以用一張法式千層派皮取代，或是也可以用泡芙皮替代（作法 P.082）。若沒有干邑甜橙香酒，請用柑橘白蘭地替代（作法 P.110）。

Chapter.6
菜園農收的甜點

菜園、果園的採收期過後，奶奶
們將生活智慧發揮得淋漓盡致，
果實、花朵或是香草用來做甜點
外，也用來做果醬或是糖漿，或
是製酒，以及保存期限長以便冬
季食用的罐頭蔬菜和醃肉。

Cerises à l'eau-de-vie
白蘭地漬櫻桃

進入夏季時，鄰居奶奶家的櫻桃樹的櫻桃急著要脫離櫻桃樹，我們得趁著櫻桃未被鳥吃光前摘下櫻桃製作「白蘭地漬櫻桃」，再放到酒窖裡熟成等待美好的風味來臨。被白蘭地酒包圍的櫻桃也正是製作「白蘭地櫻桃黑森林蛋糕」（P.124）最美妙的存在，所有的美好都是為了這一刻。

---

ingredients

1000g	櫻桃·帶酸無化學藥劑噴灑
600ml	40～50%的白蘭地酒
200g	細糖
2根	肉桂棒
2顆	丁香

---

method

1. 將櫻桃洗乾淨，並且擦乾。用剪刀將櫻桃梗剪掉，但要留約1cm的長度。

2. 將櫻桃放入洗乾淨的玻璃罐裡，接著倒入細糖蓋緊罐子，放在低溫無陽光照射的地方約48小時。

3. 開蓋加入白蘭地酒、肉桂棒和丁香，再度蓋緊密封玻璃罐,放在低溫無陽光處約2個月。每10天要將罐子晃一晃，讓沈澱在罐底的糖和酒融化，每顆櫻桃都能充份浸泡。

4. 浸泡的櫻桃可以在餐後跟著任何調酒飲品一塊享用，或是用在黑森林蛋糕(P.124)、樹輪蛋糕(P.120)上增加香氣。

Grand-mème's Tips

做小睪丸子尾巴最好的櫻桃是法國蒙莫朗西(Montmorency)的櫻桃，很重要的一點是，最好能一顆一顆的檢查，選擇沒有任何損傷的櫻桃製作。肉桂棒能換成香草莢。櫻桃不要過於大顆，小朋友是可以吃的，不用擔心會醉。哎！但就只是塞嘴用，不會吃太多，儘管櫻桃浸泡過有酸甜口感。

Vin de rose
玫瑰酒

-------------------- ingredients

250g	庭院玫瑰花瓣
1L	貴腐酒
200ml	水果用白蘭地・50% 酒精
80g	細晶糖

-------------------- method

1. 在盛開狀態剪下玫瑰花，將葉片根部與花朵中芯白色的部份去除，取下花瓣，在流動水下快速沖洗花瓣，瀝乾水份。

2. 將花瓣放入密封罐裡，加入貴腐酒和水果用白蘭地，蓋緊密封蓋，放在陰涼沒有陽光直射處 2 個月。

3. 倒出酒和花瓣，將花瓣取出，再將酒倒回罐子裡加入晶糖，蓋上蓋子再放置 48 小時，這期間要經常攪拌晃動，讓晶糖容易融化和酒混合。

4. 將酒裝入酒瓶裡，放在陰涼沒有陽光處保存，這款酒經常會當成主菜之前的開胃菜搭配飲用。

Grand-mème's Tips --------------------------------------

玫瑰花只可以使用花園裡無灑農藥的花朵，一定要將花芯部位的白色蕊去除，因為它會帶來苦澀味。玫瑰酒要盡快喝完，或是放在沒有陽光的陰涼處存放才能保存好幾個月。

Vin de noix
核桃酒

六月核桃開始結果，北風一吹，核桃掉滿草地，從六月初到七月初之間，村裡跟附近的鄰里大家都忙著製作核桃酒。核桃酒是什麼樣的味道呢？如果喝過葡萄牙的波特甜紅酒，就是類似那個味道。每年做一甕，放在酒窖足以當成一年份的餐前酒飲用量。

-------------------------------- ingredients

25顆	綠核桃
650g	晶糖
2根	肉桂棒
2顆	丁香
適量	肉豆蔻粉
425ml	14度酒精濃度的紅酒
75ml	40度水果白蘭地

-------------------------------- method

1. 將綠核桃清洗乾淨，擦乾後，用小一點的刀將核桃對切成二。切開的核桃放進製酒的大玻璃罐，接著加入糖、肉桂棒和丁香，刨些肉豆蔻粉放入，最後放入紅酒和水果白蘭地酒，再將玻璃罐鎖緊。

2. 放置陰涼溫度不高帶點溼度且無陽光直接照射的地方，靜置約 3 ~ 6 個月，大概一個星期要搖晃罐子兩次。

3. 時間到時，將酒搬出來，過濾酒和食材，再倒入消毒過且乾淨的玻璃瓶裡，軟木塞將酒瓶塞住，在酒瓶身上貼上酒的名字、製造日期年份，再將酒搬移到陰涼、無陽光照射的地方放置即可。

Grand-mème's Tips

紅酒一定要選酒精濃度 14 度（像是 Bergerac、Languedoc、Provance..... 這類都可以）。切開的核桃最好放在一塊布上，將核桃的外皮擦拭，如果有變黑的外皮將它除去，接著拍開核桃。

核桃酒可以喝超過 3 ~ 6 個月之久，核桃酒用來做餐前酒非常的合適，節慶或是節日時就可以拿出來享用。在煎鴨胸即將呈盤之前，我會淋上少量的核桃酒在鍋子裡，或是其他肉類也可以。

Liang's tips

核桃酒我家每年都做，一次做超過 5 公升，然後放在酒窖等著隔年再打開。製作核桃酒的紅酒可以選便宜且一桶桶賣的那種，經濟又實惠，我們也有鄰居會使用粉紅酒來製作，或許也可以試試用粉紅酒來製作核桃酒。

製作核桃酒的核桃要使用生的且核桃裡已經開始產生果仁的那種核桃，剛結成小果的還不能使用喔！

Pêche
au sirop
水蜜桃糖漿

──────────── ingredients

500g	軟嫩熟透水蜜桃
120g	紅砂糖
800ml	水
1/2根	香草莢

──────────── method

1. 將水蜜桃放入滾水裡煮約3分鐘，撈起水蜜桃放入冷水浸泡，接著將水蜜桃去皮並對切成二，取出水蜜桃籽。

2. 在鍋子注入500ml的水，放入果醬罐或是密封罐，直到煮滾後持續煮12分鐘，取出罐子使用乾淨的布將罐子擦乾備用。

3. 香草莢對剖後，用刀尖刮出黑色的香草籽。在深鍋裡放入糖、水和香草莢，糖水煮滾後，放入水蜜桃煮約2分鐘，用漏杓將水蜜桃取出，直接放入剛剛消毒過的罐子裡。

4. 香草糖漿留在鍋內，以小火持續煮10分鐘。將糖漿趁熱倒入裝有水蜜桃的罐子裡，蓋緊瓶蓋(千萬別全倒滿，記得要留約2cm高度的空間)。

5. 將裝好的水蜜桃糖漿罐放入裝滾水的壓力鍋裡煮滾20分鐘，煮的過程中若是水量減少，可以再加水，務必讓水蓋過罐子。取出水蜜桃糖漿，放涼後放入冰箱冷藏或是低溫處無陽光照射的地方保存。

Grand-mème's Tips ────────────────────────────

水蜜桃糖漿的罐子在壓力鍋煮後取出，要將罐子倒扣，讓罐子裡的空氣從細縫流出。若保存得當，可以保存上一至二年。

Compotée de fraises et de rhubarbe
大黃根草莓糊

法國北邊進入春季時，春暖花開，雖然仍有冷意，這時的草莓開始產出，大黃根也跟著產出。以前隔壁爺爺尚未過世，在這兩個食材的產季時，他總是會走到屋子後方的菜園摘下幾根大黃根進屋，讓奶奶煮大黃根糊讓他早餐塗抹麵包一塊享用。但是，奶奶除了在後院草莓盛產時，會採新鮮草莓直接搗碎草莓後塗上已經抹上半鹽奶油的麵包，這樣的吃法她認為是草莓果醬最好吃的方式。不然就是將大黃根和草莓一起煮成糊之後再塗麵包。奶奶說：「以前爺爺還在世時，大黃根產季他每天必得吃大黃根糊或是大黃根草莓糊，吃了一輩子都吃不膩」大黃根草莓糊做好後也可以用來製作「果醬蛋糕捲」（P.154）或是「大黃根塔」（P.054）。

------------------------------ ingredients

1000g	大黃根
600g	草莓
300g	紅砂糖

------------------------------ method

1. 將大黃根洗乾淨，去除根莖上的粗纖維，接著切成塊狀長度約1cm的大小。草莓用大量的流動清水洗乾淨後，去蒂，再切成四等份。

2. 大黃根放入大鍋裡，加入紅砂糖一起煮，蓋上鍋蓋以中火煮約5分鐘，直到鍋裡的大黃根釋出水份，這時候加入草莓塊攪拌均勻。

3. 轉成小火持續煮10分鐘，不蓋鍋煮，記得要經常攪拌，否則鍋底很容易燒焦。將煮好的果泥盛到大碗裡，冷卻後放入冰箱冷藏1小時後即可享用。

Grand-mème's Tips ------------------------------

做大黃根果泥是不需要將大黃根清洗過，我們將糖與大黃根放在鍋子裡一起煮，煮軟的大黃根水份會從根莖裡釋放出來，因此，我們不需要再度清洗它，這樣會讓水份過多。奶奶們煮給孫子們吃，會特別加入香草莢增加香氣，只要將香草莢對剖後，直接將大黃根和糖一起煮就可以了。

Confiture d'abricots à l'ancienne
杏仁果的杏桃果醬

-------------------- ingredients

1000g   杏桃
800g   細糖
2 顆   檸檬

-------------------- method

1. 將所有的杏桃切成對半，取出杏桃籽，再使用鉗子將杏桃籽敲開，取出杏仁果。煮一鍋滾水，放入杏仁果約 3 ～ 5 分鐘，取出杏仁果備用。將檸檬擠出汁。

2. 在一個大鍋裡混合杏桃、糖和檸檬汁，放入冰箱或是較低溫處 8 ～ 10 個小時，能放上隔夜更好。

3. 將放置 8 小時的杏桃倒入果醬鍋裡，煮至鍋邊呈小滾狀態約 45 分鐘，直到杏桃整個融化在檸檬糖水裡。

4. 取出杏桃果泥，留下糖漿再煮約 12 分鐘，再將杏桃果泥放回至糖漿裡，並放入杏仁果一起煮滾。

5. 果醬罐消毒殺菌確保罐子是乾燥的，裝入杏仁果泥，鎖緊蓋子，倒扣放置一夜。

Grand-mème's Tips --

要煮出好吃的果醬，水果一定要熟透，最好在一整天的陽光快消失時，採收水果做果醬是最佳的時刻。

奶奶們會將所有的玻璃瓶罐洗乾淨收集起來，依照罐子的大小分類放在儲藏室架子上，這樣當要裝果醬時，尋找相同大小的罐子就方便很多。

Vin chaud et grog
熱紅酒 & 格羅格熱酒

某個冬季，我因為感染風寒，遲遲不能痊癒，只能不斷依賴屋裡燒著木柴的壁爐的暖氣來暖和身體。直到隔壁奶奶受不了看著我每天那般的難受，告訴我煮個溫紅酒暖身體，或是睡前喝杯酒精濃度稍微高一點的格羅格酒。躲到被子裡，嚴實地將身體包緊將汗逼出來，隔天就會好很多了。自此之後，在法國感風寒，就用這個私房秘方將自己灌醉後的隔天，身體跟腦袋竟也變得輕鬆了許多。

-------------------- ingredients

/ **熱紅酒** /

75ml	紅酒
1根	肉桂棒
1根 (5顆) 綠豆蔻莢 (綠豆蔻)	
2根	丁香
1顆	檸檬
1顆	甜橙
80g	細糖

/ **格羅格熱酒** /

1顆	檸檬
350ml	陳年蘭姆酒
6t	細糖
6t	蜂蜜
600ml	水

----------------- method

/ **熱紅酒** /

1. 如果是使用綠豆蔻莢，請將綠豆莢打開，取出綠豆蔻仁。

2. 甜橙對切，取半顆甜橙皮，再將甜橙和檸檬榨取出汁。

3. 深鍋裡放入紅酒，等紅酒加熱小滾後加入所有的香料、甜橙皮與果汁。

4. 以小火慢煮約1小時，最後加入細糖，將糖煮至融化即可飲用。

/ **格羅格熱酒** /

1. 起一鍋滾水。切開檸檬，榨取檸檬汁。

2. 將蘭姆酒倒入杯子裡，再加入1小匙的檸檬汁、1小匙細糖和1小匙蜂蜜，最後加入煮滾的熱水即可飲用。

Grand-mème's Tips ---

劣等級的酸紅酒製作不出好喝的熱紅酒，一定要使用好品質的紅酒。以慢煮不要煮滾的方式長時間煮熱紅酒，才會煮出非常好喝的熱紅酒。熱紅酒可以放在冰箱冷藏3天的時間，要喝之前，以小火慢慢加熱就可以了。

Gelée de framboise
覆盆子凝醬

炎熱夏季，後院的覆盆叢已經結實累累，為了要做美味的覆盆子凝醬，我和奶奶在一大早太陽不那麼炎熱時開始採摘覆盆子，中午時，趁著新鮮的覆盆子果膠還在做成凝醬。製作凝醬是許多法國老一輩人表現手藝的時刻，全倚賴新鮮覆盆子果膠形成的美味，覆盆子的紅總能成功的吸引我在早晨時間打開果醬罐，舀出一大匙塗抹在烘烤好的麵包上，柔和優雅的覆盆子酸與香氣是每年夏季最期盼的一道滋味。

●●●●●●●●●●●●●●●●●●●● ingredients

1000g	新鮮覆盆子
與磨成泥狀的	
覆盆子同份量	細糖

●●●●●●●●●●●●●●●●●●●● method

1. 將覆盆子去除蒂頭（若有的話），放入食物磨泥轉動器裡去除覆盆子的籽，取泥秤重後，再秤出與覆盆子泥相同重量的細糖。

2. 將覆盆子泥和1/4份量的細糖放入果醬鍋，以小火煮至糖化微滾，再放入一半份量的細糖，並且煮到細糖完全融化和覆盆子泥融合在一起。

3. 持續慢火煮至覆盆子果泥變得濃稠，滾燙冒泡泡變少且緩慢，再放入剩下份量的細糖攪拌，直到滾燙的覆盆子泥重新冒出第一個泡泡，熄火，裝入已經消毒且乾燥的果醬罐裡。

Confiture de fraise
草莓果醬

做果醬的時序從杏桃開啓一年做果醬的行程，除了杏桃果醬外，沒有比草莓果
醬更讓人興奮的果醬了，連村裡的奶奶們也都進入青春少女的階段。他們的草
莓果醬特別之處？應該就是自家菜園的草莓或是來自森林裡的野草莓製作的
果醬，野草莓的香氣連法國甜點 chef 們也追棒著爭相用來做甜點。草莓帶點酸
與飽滿的香氣做成果醬最是美味。當然，我也喜歡學習隔壁水蜜桃奶奶那般，
早晨到後院摘取熟成的紅草莓直接將其壓碎抹在塗上半鹽奶油的烤麵包上吃，
這樣的新鮮草莓果醬更吸引我。

---

ingredients

1000g	自然種植草莓
800g	細糖
1顆	自然種植或有機檸檬

---

method

／製作前日／

1. 去除草莓的蒂頭，在流動水下沖洗乾淨後，完全瀝乾草莓上面的水份，保持草莓乾燥無水份的狀態。刨出檸檬碎皮，榨取檸檬汁，將檸檬籽放入茶包袋裡綁緊備用。

2. 將草莓放入大鍋裡，放入細糖混合均勻，加入檸檬碎皮、檸檬汁和裝有檸檬籽的茶包袋，再次攪拌均勻,使每顆草莓都能沾取到細糖。

3. 剪一張與鍋子大小一樣的烘焙紙蓋上或是用保鮮膜緊緊地封起來，放在陰涼乾燥處一個晚上。

／製作當日／

4. 取下保鮮膜或是烘焙紙，以小火將糖煮到完全化開變成糖水之後，再以中火煮滾10分鐘，再轉成小火煮40分鐘，保持鍋裡微滾的狀態並且不斷地攪拌。

5. 直到果漿狀態呈現稍微稠狀，即可裝進事先已經洗乾淨並且消毒過的果醬罐裡，蓋緊瓶蓋，倒扣果醬放涼。

甜點元素索引

如果製作本書的法國家常甜點有疑惑時，透過這個索引表，
快速找到相應的作法頁，製作甜點會更順利喔！

本書食材單位說明

T＝15g

t＝5g

pinch＝小撮

走進森林，和奶奶一起做法國甜點
59 道北法鄉村甜點，品嚐歐洲的田園日常

作　者　‧　攝　影	陳芋亮
封　面　設　計	Rika Su
內　文　排　版	J.J.CHIEN
特　約　編　輯	J.J.CHIEN

出　　　　　　版	晴好出版事業有限公司
總　　編　　輯	黃文慧
副　總　編　輯	鍾宜君
行　銷　企　畫	胡雯琳
地　　　　　址	10488 台北市中山區復興北路 38 號 7F 之 2
網　　　　　址	https://www.facebook.com/QinghaoBook
電　子　信　箱	Qinghaobook@gmail.com
電　　　　　話	(02) 2516-6892
傳　　　　　真	(02) 2516-6891

發　　　　　行	遠足文化事業股份有限公司 (讀書共和國出版集團)
地　　　　　址	231 新北市新店區民權路 108-2 號 9F
電　　　　　話	(02) 2218-1417
傳　　　　　真	(02) 2218-1142
電　子　信　箱	service@bookrep.com.tw
郵　政　帳　號	19504465 (戶名：遠足文化事業股份有限公司)
客　服　電　話	0800-221-029
團　體　訂　購	02-2218-1717 分機 1124
網　　　　　址	www.bookrep.com.tw
法　律　顧　問	華洋法律事務所／蘇文生律師
初　版　一　刷	2023 年 7 月
定　　　　　價	550 元
I　S　B　N	9786269735785
EISBN (PDF)	9786269735792
EISBN (EPUB)	9786269751105

走進森林, 和奶奶一起做法國甜點：
59 道北法鄉村甜點, 品嚐歐洲的田園日常 / 陳芋亮作.
— 初版. — 臺北市：晴好出版事業有限公司, 2023. 07

192 面；19x25.5 公分 ISBN 978-626-97357-8-5 (平裝)
1. CST：點心食譜
427.16　　　　　　　　　　112008944

LIANG CHEN

La gastronomie est l'art d'utiliser la nourriture pour créer du bonheur.

鈦銀系列家電

創新自我，為未來而生

FUTURE-MADE BY HISTORY

近300年傳承 未來之作

一機在手 料理飲食靈感無限

看更多商品

10491 台北市中山區復興北路 38 號 7F 之 2

晴好出版事業有限公司 收

讀者服務專線：02-2516-6892

走進森林
和奶奶一起做
法國甜點

讀者回饋卡 ────────────────────────────

感謝您購買本書，您的建議是晴好出版前進的原動力。

請撥冗填寫此卡，我們將不定期提供您最新的出版訊息與優惠活動。

您的支持與鼓勵，將使我們更加努力製作出更好的作品。

/ 讀者資料 /（本資料只供出版社內部建檔及寄送必要書訊時使用）

姓名：

性別：□男　□女　　　出生年月日：民國　　　年　　　月　　　日

E-MAIL：

地址：

電話：　　　　　　　　手機：

職業：□學生　□生產、製造　□金融、商業　□傳播、廣告　□軍人、公務　□教育、文化
　　　□旅遊、運輸　□醫療、保健　□仲介、服務　□自由、家管　□其他

/ 購書資訊 /

1. 您如何購買本書？

□一般書店(縣市書店)　□網路書店（書店）　□量販店　□郵購　□其他

2. 您從何處知道本書？

□一般書店　□網路書店（書店）　□量販店　□報紙　□廣播電台

□社群媒體　□朋友推薦　□其他

3. 您購買本書的原因？

□喜歡作者　□對內容感興趣　□工作需要　□其他

4. 您對本書的評價：(請填代號 1. 非常滿意　2. 滿意　3. 尚可　4. 待改進)

□定價　□內容　□版面編排　□印刷　□整體評價

5. 您的閱讀習慣：

□生活飲食　□商業理財　□健康醫療　□心靈勵志　□藝術設計　□文史哲　□其他

6. 您最喜歡作者在本書中的哪一個單元：

7. 您對本書或晴好出版的建議：